雷霖，此书也给你，R.I.P

汤伟—著

我不要一成不变的人生

北方文艺出版社

图书在版编目（CIP）数据

我不要一成不变的人生 / 汤伟著. -- 哈尔滨：北方文艺出版社，2017.9

ISBN 978-7-5317-3955-5

Ⅰ.①我… Ⅱ.①汤… Ⅲ.①成功心理-通俗读物 Ⅳ.① B848.4-49

中国版本图书馆 CIP 数据核字（2017）第 178716 号

我不要一成不变的人生
WO BUYAO YICHENGBUBIAN DE RENSHENG

作 者 / 汤伟

责任编辑 / 王金秋　赵　芳

出版发行 / 北方文艺出版社	网　址 / www.bfwy.com
邮　编 / 150080	经　销 / 新华书店
地　址 / 黑龙江现代文化艺术产业园D栋526室	

印　刷 / 北京嘉业印刷厂	开　本 / 787×1092　1/16
字　数 / 100 千	印　张 / 14.5
版　次 / 2017 年 9 月第 1 版	印　次 / 2017 年 9 月第 1 次印刷
书　号 / ISBN 978-7-5317-3955-5	定　价 / 49.80 元

目录

1 北京杀到西雅图

\# HU495 / 2

\# 西雅图 / 6

2 California Dreamin'

\# 飞行员养成记 / 10

\# 杭乖乖 / 20

\# 邻居大师 / 26

3 Route 66

Route 66 认真谈一次恋爱 / 38

带上你私奔 / 46

再回 66 / 52

4 vegas 北北！

vegas 北北！ / 60

《宿醉 4》 / 68

再出发 / 78

5 不如，横穿美国吧

\# 不如，横穿美国吧 / 82

\# 着手启程 / 84

\# Hit the road / 88

\# Phoenix 一夜 / 96

6 新墨西哥绝命毒师

\# Albuquerque，寻找"绝命毒师" / 102

\# 偶然相逢 / 106

\# 阿帕奇候鸟 / 109

\# Roswell 荒原里的外星人 / 114

\# 新墨西哥州的白沙世界 / 122

7 德克萨斯彩虹牧场

\# El Paso Amigo / 132

\# 德州牛仔 / 138

\# 德州那么大，哪里才是彩虹牧场 / 144

8 密西西比荒野猎人

\# 荒野猎人 / 154

\# "弯刀"传奇 / 164

9 纽约纽约

冬夜纽约街头,"速度与激情" / 174

西点军校 / 182

NewYork City / 190

10 前方波士顿

To Boston / 198

Hi Boston / 201

Bye America / 204

11 后记

后记一 / 212

后记二 / 214

我不要一成不变的人生

北京

杀到西雅图

第一章

北京杀到西雅图

HU495

客舱里传来叮咚一声清脆的提示音，告诉乘客飞机爬升到预定高度改平飞了。十二个小时之后，我将到达美国开始至少一年的理想生活。我的故事将从这里开始。

我头靠悬窗，看着窗外棉花糖一样的云层，依然觉得好美。误打误撞进入民航这么多年，天上的风景却还是看不腻。

想想自己在二十八岁"高龄"离职，远渡重洋去过"未知"的生活，听起来好不靠谱。此番离职并没有那般咬牙切齿，也不是要决绝地跟过去一刀两断，一期一会留下的也是牵挂。说起来是很感谢上个公司上个工作的，让我遇到了好多有趣的事情。只是同样的工作重复了六年之久，我得换换花样折腾了。

我叫汤伟，成都信息工程大学市场营销专业毕业，找工作的时候撒

NO.1 北京杀到西雅图

网太宽，无意间成了航空公司的男乘务长加安全员教员。这是个干活不多挣钱不少的工作。上班不用费什么脑子，同事大多数都是美女，每年两次带薪休假，集团内所有航线机票和酒店都免费。因为这个大福利，我走过好多地方，渐渐成为一个对旅行有些心得的人。

工作几年下来终于攒够了一笔小钱，决定玩票大的。促使我做出这个决定的动力来源于那个被问过无数遍的鸡汤问题："我到底想要什么呢？"当然不会是一成不变的人生。

六年的服务行业工作经历显然没能撼动我心底的理想主义。好些同龄人会因为工作性质的原因变得谨小慎微不愿意改变，不求出色但愿不犯错，牢牢把握现有的一切，这套消极处事的哲学根深蒂固。他们总说现实压力大，理想都是骗人的……不行不行，总该有人站出来，给大家点正能量了！世界那么大，正好我也想去看看，那就出发吧！去看看有没有跟我一样不靠谱却还有趣的人。

很快敲定了去美国游历。一个个列强排排坐，只有美国是短短二百年间野蛮生长成为地表最强的。它到底是引发世界混乱的大魔头，还是兼容并包现代文明典范的大熔炉呢？正当辞了职了无牵挂，用一两年来做间隔年，边走边体验，读万卷书行万里路，看看能不能找到些答案。

我乘坐的航班是HU495。海航北京前往西雅图，一般用787执飞，梦想客机的天空内饰让人心生平静。靠着悬窗眯着眼想想过去的几年，还真是有好多有趣的故事，都是青春的见证。很庆幸当时能加入海航，开启与航空事业的不解之缘。一闭眼往事历历在目：团体以和睦为兴盛，精进以持恒为准则……

也不知眯了第几个盹儿，半睡半醒间思绪纷飞，脑子里乱糟糟的。椅背电视上的航迹显示我们已进入加拿大领空。787客机重一两百吨，笨笨的造型在重型机里却要算"体态轻盈"了。十来个小时就能跨越地球，到达祖辈也许一生都无法企及的远方,真的很庆幸生活在飞行奇迹成为理所当然的时代。

  不觉间轻舟掠过万重山水,广播里响起机长磁性的声音,中英文都很标准,让人感到踏实。四十分钟后落地开舱门,我就要踏上美国国土了,心跳怦怦,有些加快,坐稳,新故事就要开始了!

西雅图

  下飞机进海关，提着箱子上出租车进城。每一帧画面都记忆犹新。初到一个地方心里是有一丝紧张的，短期旅行时这种陌生感是种奇妙体验，让你每天都有动力去探索发现。可想到自己要在这里开始全新的生活，归期未定，这个陌生感就放大成小怪兽在吃我的底气。像无数描写美国梦的电影，总有个特写镜头推到刚踏上这片土地闯荡的年轻人脸上，面带稚气却眼神明亮。我像是一个穿越者，望着车外美剧中的一幕幕布景心里打鼓。黑人司机偏过头笑盈盈地说："Welcome to America Bro."

  西雅图名不虚传，我在市中心找了家便宜酒店住下。这个城市满足了人们对旅行目的地的一切想象：有高颜值路人随时挂在脸上的微笑，有山抱海，有波音工厂，有比尔·盖茨湖边的小筑，有全球第一家星巴克，还有淅淅沥沥夜未眠的雨……每天徜徉其中，更添对生活的期待。

  半个月眨眼而过，初到异国的那份紧张感早没了踪影。我曾因坐公车迷了路，却机缘巧合地跟一位黑人女生在樱花林下并肩而行侃侃而谈；曾在地下酒吧跟一帮壮汉掰手腕赢了好多啤酒；曾从票贩子手里买了一张足球票，与六万人一起创造了一个新的噪音纪录……竟在不知不觉间渐把他乡当作故乡。像我这样热爱自由又不成熟，喜欢特立独行的人，在美国待着真有种归属感。

我曾在华盛顿大学图书馆碰到一位拥有马克思同款胡子的老外，他三十八岁重回校园念哲学。他说二十八岁着急感叹年华老去干吗，年轻人自己喜欢什么就去做啊。

一摸自己光滑的下巴，对对对，年轻年轻！一百美金买张机票到洛杉矶，LALA LAND。我要学枪学剑，我要策马扬鞭，我要驾船出海，我要去当飞行员。

我不要一成不变的人生

California Dreamin'（加州梦）

第二章

California Dreamin'

飞行员养成记

很快联系好一家航校，在加州长滩，名字叫 Los Angeles Helicopters，有二十年的培训资历。校长是位法国人，十几岁来美国学飞、创业，现在是个大胖子，还是罗宾逊直升机公司的试飞员、安全顾问。

航校安排了个大房子做宿舍，让我认识了几位非常棒的室友：Young 和 Jin 分别来自安阳和荆州，耿直仗义，古道热肠。不过这次主要写另外两位室友的有趣故事，抱歉啊 Young & Jin，下本书再写你们啊。

非洲卢旺达的一位哥们儿 Matthias，二十岁，话不多，偶尔冒些金句威力十足。身形上他跟美国黑人没法比，很瘦弱。有天我们去街头公园跟人打篮球，一帮本土黑人各种飞身扣，小马哥去断球撞人身上，被反弹出去，踉踉跄跄七八米。同样都是黑人可两相对比身体差距忒大，虽然我们是一队的，可我还是忍不住狂笑。

回家路上，我和 Karl 还取笑他弱不禁风。他冷哼一声说："我可以叫他们My Negro，你们敢吗？"怼得我和Karl哑口无言。他之前在卢旺达花了近十万美金办直升机私照，还说for fun①。在非洲这简直是不可饶恕的奢侈，他却讲得很平淡。后来他学成归去，成为卢旺达全国第五个直升机教员，常常发左拥右抱的照片给我，搞得我们一度怀疑他爸是家里有地道屯黄金的那种大军阀。

Karl，大胡子，瑞士国籍，却长得有几分中东风情，乍眼看去跟Jon Snow有几分神似，面相上给人一种始终憋着事儿的感觉。Karl语言天分极高，英语完全是native speaker，法语、意大利语也很溜。

有次在一个偏远的无人控制机场空域，大家的飞机在天上偶遇，广播里要互相报位置避让。这哥们儿听出我的口音，突然在公共频率里来了句"晓得了晓得了"，完全没有人教过他。这是他根据有时我们几个中国人在家的对话推断出来的用法！

Karl交游很广，经常有西装革履的人来请他去乘游艇抽雪茄。他说他这个人很上进，什么世面都见过，印度和中国各方面都很像，所以他认为自己将来定能成就一番类似于Jack Ma的大事业。

我们所在的航校属于技术教育，所以跟传统"留学生"不同。为方便无法脱产学习的人，航校的时间弹性很强，学生可以跟教员灵活约地面课和飞行课。

那天Karl和Matt都空了一下午时间出来，陪我去买了个二手野马。以后的一年，这辆狂放的野马载着我和KM组合纵横加州，四处闯荡。他俩在飞行上入门比我早很多，按咱们的套路得管二位叫师兄。我们仨一起上过天下过海，后来飘散，天各一方。有一天我会告诉他们，他们俩出现在了一本书里，不知道他们会是什么表情。

---

①短语的意思是：只为了好玩。

要知道成为一个飞行员可不是简单的事情。就像是玩游戏升级打怪，学飞也是一级级往上打擂台：理论课、基础操作、特情操作、私照、商照，商照往上还有教员照、仪表教员照……每一个觉得很难的阶段刚刚掌握，下一个更高的要求、更大的关口就已经压上来了，壮着胆子上。整个学飞的过程就是一个自信心不断被摧毁又重建的过程，好在有 KM 兄弟，大家互相鼓励打气，一关关跌跌撞撞往前闯。

用英文学飞把这难度值又凭空翻了好几倍，好在遇到一位好老师 Luke Terry。Luke 金发碧眼，头发梳起来非常像乔治·克鲁尼年轻的时候，眼睛蓝得像一汪水，分明是应该出现在电影里的人物啊。他看起来挺成熟，可是活得很随性。有时在海滩上管制让我们飞很低，有些大汉会嫌弃我们的旋翼太吵，他就边飞边跟人互相竖中指对骂。Luke 是在旧金山上的大学，踢足球拿的全奖，毕业后做了五六年文职工作，终于还是扛不住枯燥改行做直升机教员，在这一点上我俩的经历有些相似。

不过他完全是 3.0 版的我。会跳伞，还是冲浪一级好手，喜欢玩速降滑板，滑雪也不错，还有好多好多跟他同样金发碧眼的女朋友……

Luke 教学的时候很认真，很耐心。老美一般不会跟自己的学生当朋友，显得不专业，但他却和我成了勾肩搭背的好兄弟，我俩经常飞完一块儿去喝啤酒。老美一般也不跟同事谈恋爱，他也没管，把我们的一个女教官霸占了去。总之，Luke 是位顶级趣人，在飞行上是我的导师，在玩乐上是互相启发的朋友。

美国学飞手续简单，进入门槛低。通用航空产业非常发达，低空很繁忙。Luke 手把手领我入门：机械原理、空气动力、陆空通话、运行法规、危机处置等等课程深入浅出。上机前他说："Relax dude, you gonna be a great pilot.①" 我坐进驾驶舱强作镇定，其实有些不知所措。

---

① 句意：兄弟放轻松，你会成为一位出色的飞行员。

悬停，起落航线，基础机动大概一个月就能掌握。Luke 带着把滑跑起飞着陆、模拟发动机失效、涡环改出这些特殊科目都过一遍，觉得没问题，飞行生涯中的成人礼就来了：Solo——单飞。

单飞分为本场单飞和转场单飞。本场单飞就是围着机场飞大方框，没什么难度。转场单飞英文简写 XC，即 Cross country flights，意思是要飞去别的机场。那次转场总时间要求至少三个小时，从长滩起飞，先是去没有河的 Riverside，然后去没有法国人的 French Valley。

整个单飞过程中，数据飞得多完美、动作多到位已经不重要了，半瓶子晃荡的水平下，要在国外单独飞那么远，安全第一，认地标保证不迷路最重要。其次是与各个机场塔台的沟通，与航路上各个航空器的沟通。考验应变能力比技术动作真的是要多很多。

当时有个哥们儿，也是中国人。平时挺机灵的一个人，单飞那天太过紧张，遇到高速路上空有两架警航直升机在盘旋抓坏蛋处理事故，那哥们儿顿时懵圈了，不知道咋整。警察在频率里一直喊他绕飞，他听不明白，愣生生从俩警航飞机中间直接插过去，把俩警察吓得够呛，以为他要同归于尽，只得往旁边躲。警察大怒，跟在他屁股后边撵，他在机场一落地就被地面警车包围了，说要调查。

在国外飞真是什么情况都能遇到，不光是技术上的细节，整个飞行的理解跟国内教学区别还是很大的。举个不恰当的例子，国内有些航校就像汽车驾校，天天练的是倒车入库，基本功非常扎实，可上路需要适应段时间。而美国教人开车首先是重视规则，直接把你弄上路实打实边开边领悟。各有利弊，综合讲美国显然是更发达的。在美国学飞，语言特别重要，不然很容易出现被警察追的场景，自身安全也没法保障。

而我的单飞转场，更是狂刷经验值。那真是冷汗不断的一天。

那天气象完美，万里无云，能见度非常高。小膝板上目视导航转场计划做得很详细，航图也叠得井井有条，方便取用。我觉得已经有三十来个小时飞行经验，这个 XC 应该是可以妥妥拿下的了。

从大本营长滩机场起飞，刚出本场空域，下一个机场的管制就说在雷达上看不到我。我们通话没问题，可他在雷达上看不到我的高度和航迹。情况要不要来这么快！默默按检查单又核对了一遍，没漏掉什么程序呀，难道应答机坏掉了？脑子里一直高负荷运转排演怎么处理，想了四五种处理方法。都做好备降准备了，或者闷头返航回去，大不了从头再来。这时管制慢悠悠来了句："Helicopter xxxx you first solo？①"

我忙不迭说是，管制接着慢悠悠说他今天起床心情就很好，所以决定要帮我。他让我先把总距摩擦上好，然后用左手摸到应答机右面外圈旋钮，看看扭到 ALT② 那格没。神了！竟是因为那个旋转按钮没旋到底……他又是怎么知道的？

我一顿感谢，管制哈哈笑着说没事，他指挥过无数个单飞没扭到底的学员。这时频率里另一架路过的航班机长也笑开了说："没事，兄弟，我现在飞的 JetBlue 拉了一百多乘客，可当年单飞的时候跟你犯了一模一样的错误。"我心里一暖，都是好人呀。

看下面地标 91 和 55 号高速交界到了，于是我赶紧跟管制联系说要脱波左转，管制又是一阵笑，用很慢的语速说："再看仔细点，你现在在 91 和 57 交界处，转弯点在前面，还有五海里，不要太着急嘛。"我那个脸红的呀，赶紧复诵收到。

这时另一架正准备起飞的机长又开玩笑道："阿拉斯加航空发来关怀，我以前 solo 的时候也认错过地标。"后来脱波的时候我跟管制真诚道谢并说过两个半小时再回来继续打扰他。管制很好玩，用浑厚

---

① 句意：这是你第一次单飞吗？
② 词义：高度模式。

的广播腔回应道:"I am not going anywhere, just come back and call.①"

继续往前飞,一路无事到第一个机场落地,略作停留继续逆风而起,前往下个机场。在那些没有塔台控制的低空空域,美国是放开的,目视规则飞行员要在公共频率盲发,报自己的位置、高度和航向等信息。不过这个无人监管,全靠自觉。

频率里已经沉默好一阵儿了,估计这片天就我一人,偷偷懒我都不用麻烦,反正没人听。也不知道当时怎么突然自我要求的觉悟上来了,还是按了发射键报自己的高度、航向等信息。

我话音刚落,耳机里就传来一阵急促的回答,一个明显有些慌了的声音让我抬头看注意避让,说他们在上面跳伞。那个飞行员之前没有报位置,他也以为那片天就他一个人!我一抬头脊柱都麻了,七八个五颜六色的降落伞在头顶飘,赶紧边用近乎自转的下降率下高度,边增速飞离那个区域。那几十秒心脏快跳出来,再慢点事儿就大了!

离开那个区域后,我惊魂未定,手都还有些抖。上面那个固定翼不断道歉,说应该报活动的等等,我也懒得纠结,还得继续往前飞。今天这 solo 真是怒刷经验值了,应该打住了吧。

事实证明我还是太天真。老天爷一旦做出今天要试试你的决定后,肯定不会轻易翻篇的,永远不能提早放松警惕。

眼看着目的地机场就十海里了,一切换到机场的频率就感觉不对劲。耳机里一阵忙乱声,平时特别清闲的小机场那天不知怎么那么多起降的流量。目视机场后我申请加进近着陆,管制员说好的,排队,问我看到

---

① 句意:我哪儿都不去,返航报。

前面进近的飞机了没。我很风骚地回答:"Yah! I got traffic in sight.①"管制接着问我看到的是哪一个,说我排第五,前面有四架飞机,后面还排有两架,分别从我的左右后方靠近,要我保持目视避让。

毫不夸张,汗唰一下就出来了。我瞪大眼睛扫视前方,视网膜都快瞪出来了却只看到两架。这意味着还有四架飞机离我很近,而我却不知道它们在哪儿!很危险!一急,说话也磕巴了,半天表达不出重点。管制很忙语速很快,想快点摆平我,让我看几点方向有几点方向还有,可另外四个"应该有"的方向却怎么也看不着。我更加紧张,听力也下降了。那天,空域特别忙,几个来回下来,管制也没有更好的办法。后来他直接让我保持航向,继续往前延长飞,等各方向飞机都转入进近下滑线上排好了再听他指令掉头转回来。

可是,我前面有座山啊!再直线飞几分钟直接泰坦尼克了,油也快烧完了!我手足无措,急得要抓狂。频率里又一直在闹腾,像打仗。管制的声音就没有断过,不停地给各个飞机下指令,我都插不进去嘴。按规矩我在收到进一步指令前只能按上个指令行事,两只手心都狂冒汗……我把心一横,反正初始联络的时候已经表明过飞行学员的身份了,于是故意偏航了二十多度。两分钟后成功引起另一个管制员的注意,直接用航向引导我进场……

有惊无险,总算平安落下去了。可那十来分钟对我来说真的是惊心动魄,怎么也没想到那个小机场会突然在我要落地那几分钟忙成那样。

苹果应用商店里有个程序叫 Live ATC,可以听到国外机场的通话。你输入 2015 年 5 月 25 日的 kf70,能听到我当时用逊爆了的声音跟塔台通话。毫不夸张,我去之前他们风平浪静,我加完油走了也风平浪静,

---

① 句意:确认,已目视前序飞机。

NO.2　California Dreamin'

就我要落地跟前那段儿忙得跟 LAX[①] 似的！

落地后我惊魂未定，趁飞机加油空当去机场酒吧点了杯冰镇可乐压压惊。吧台上坐了几位戴牛仔帽的白胡子酷大叔，看起来非常粗犷，在那儿喝英雄杯啤酒。旁边的大哥问我是不是刚才呼号 xxxx 的直升机，我说是，他就招呼那帮人纷纷举杯"To first solo[②]"，吓我一跳，什么情况？他们就是刚才那波神出鬼没的飞机吗？你们是不是我仇家派来整我的，还好意思举杯？说，你们认不认识一个叫杭乖乖的女人？

原来他们都是飞行俱乐部的会员，今天一窝蜂飞来 French Valley 小机场，是因为这个酒吧给他们发消息说新酿好了一种啤酒叫他们来尝……

---

①词义：洛杉矶国际机场。
②句意：敬第一次单飞。

杭乖乖

Solo之后,学飞的进度陡然快了起来,进入了Time building[①]阶段。Luke每天带我各处转场。美国的空域开放很完善,VFR[②]的航图做得细致无比。飞出门儿去,热气球、飞艇、大客机、战斗机都能遇到,频率里还能互相说上话。

圣地亚哥海军几架战斗机的呼号是Fightxxxx,每次他们飞过的音爆不怒自威,不过隔得远的话,就十分好看。那天我和Luke准备夜航,正好是日落时分,起飞后看见两架战斗机,隔很远,他们飞得很高所以看起来移动得慢。夕阳染红大海,天上没云,他们一直沿着海岸线缓缓游弋。那时那景,那句"落霞与孤鹜齐飞"被瞬间勾起浮在空中,美到爆炸!我瞠目结舌,在想怎么把这句诗翻译给Luke。结果他在旁边轻轻摇头感叹:"I really love my job!"

在国外飞的好处之一就是随时能看到这些美炸的画面吧,真的很想把眼里所看到的美好世界全记录下来。Time building期间到处撒欢,我们经常沿着1号公路海岸线低高度飞。有时挑一辆敞篷自驾的车跟踪,

---
①短语的意思是:积累训练时间。
②词义:目视飞行规则。

降低下去跟他们挥手打招呼；有时还会挑周末的早晨去比弗利山庄用旋翼叫这个富可敌国的小区起床。我们从 Hollywood 标志上飞过，Luke 说真正的阿汤哥就在下面某栋房子里。

科比要宣布退役那场球，我们正好在洛杉矶上空，顺道去斯台普斯球场上空转圈圈玩。ESPN 的直升机在盘旋拍素材，有把我们拍进去，不知道 CCTV5 转播那段没有。我当时飞那架呼号 N39BP，要是看湖人比赛看到这串机号，那就是我。还有环球影城的水上表演、迪士尼的烟花秀、道奇队的比赛、卡塔琳娜岛的游轮展，我们统统没有买门票就用高人视角看了。怪不得很多体育场要加盖子，原来是防着我们蹭票哪！

我们甚至飞去了美墨边境，手上的杆往右靠一点就算进了另一个国家，耳机里会收到美国政府类似于电子狗"您已超速"这样的提醒。落地后坏掉的自助加油设备让我们差点儿搁浅在那个边境无人控制的小机场。我们还跨进太平洋深处一个满是动物的小岛，一个安静的密林被我们的直升机旋翼声音一吵，万鸟齐飞！缤纷的色彩瞬间炸满天空，活生生《里约大冒险》里鸟儿们过狂欢节的场面，美到难以置信……

跟 Luke 一起看了那么多美好风景，我内心是分裂的。他教会了我开直升机，于我有恩，长得还那么帅，很开心能够认识他。可巡航中我还是经常想把他丢出去，换成任何一任前女友坐旁边都好！真是白瞎了那么多良辰美景。

美国的城市市中心叫 downtown。洛杉矶的市中心有家著名的楼顶酒吧，Luke 老喜欢在那头顶上盘两圈还深情地往下望。他说他有个火辣的前女友住这楼里，我指斜下方说我前女友也在下面。Luke 以为我胡诌，我说是真的，然后往下看了看那个叫 Biltmore 的酒店，一段前尘旧事又浮上心头。

她叫杭乖乖，善良漂亮不做作，单纯独立有思想，是空姐中的佼佼者。

我们在重庆是同事，看同样的书同样的电影，总有说不完的话，就在一起了，过得很开心。想着是终于找着上帝给你精心准备的另一半，得好好珍惜呀。可后来她跳槽去广州，我也挺支持她的想法去看外面的世界，可好像支持的劲儿过猛了点，远了点。一年多里我们没有见面，渐行渐远，距离拉开了，美没了。

她很优秀，在南航广州很快进入国际组飞A380，澳洲欧洲满世界跑。那段时间她集中飞洛杉矶，一个月要过来两三次，每次到了能休三天，住在市中心Biltmore酒店。事实上我刚到加州的第三天我们就见了一面，按道理男女主角兜兜转转多年依然各自单身，在异国他乡久别重逢必然温情拥抱继而再续前缘，对不对？哎，还是弄砸了。

讲起来很可笑，我们一块去逛星光大道和杜莎夫人蜡像馆，Young、Jin他们都一起的。我也不知道怎么突然魔怔了，要在他们面前表现一下弱智的大男子主义，就一副颐指气使的样子，为诸如她走路慢了之类的事情横挑鼻子竖挑眼。现在想起来我自己都觉得很欠扁，还好杭乖乖念及旧情没有当场翻脸。不过隔这么久再见面，她原本期望见到的应该不会是我脑筋短路的这个样子吧。我好像每过一段时间就会做出一件蠢事，很难解释为什么会有那样弱智的行为，习惯性处理不来感情。

隔天我又灰溜溜跑去请人吃饭认错，道歉话说了一大堆也没用。女生要只是生气的话好哄，可她要是在心底里觉得期望被打破换成了失望，那基本上就算回天乏术了。我试图像以前一样讲一些笑话把她逗开心，谁知现在的她根本不吃这个套路。我愈发感到棘手，只好继续说一些无聊的冷笑话。

正好女服务员来点餐，我便故作风流地请服务员推荐下有什么能让女生心情愉悦起来的菜，好让女主角回心转意。一直很活跃的女服务员像是领受到一道严肃的使命，双手抱在胸前思考了一阵然后开口

NO.2　California Dreamin'

说:"Maybe you guys need to take a little break for each other.①"

我一口老血差点儿喷出来。女服务员继续说,当有任何不确定时,都不应该继续勉强在一起,而是该暂时分开,想想到底是不是需要对方……她的话当然是有一些道理的。可我当时完全就是一种被坑了的感觉,杭乖乖偷笑着看着我,这一下我还真没什么说的了。

我们后来还是尝试了和好,却不能如初了。我在她的生活里缺位太久,以至于产生了陌生感,在无数个她需要人陪的时刻我却在十万八千里外。毫无疑问我们在一起的时候是快乐的,她说我可能是这个世界上最会逗她笑的人,可生活不只是诗和远方的田野,还有当下眼前的苟且。要交房租、要挣钱、要考虑定居、要考虑双方父母的养老、要考虑以后小孩子读书……她罗列出一件件我几乎不曾考虑过的事情,搞得我哑口无言。她一摊手:看,你虽然二十八岁了,可还只是用大男孩的思维模式过活,这太不靠谱。

那天晚上回长滩后我心里很难受,终于要为自己这么看重的一段感情画上句号,太舍不得。两个人一起经历的点点滴滴像电影一格格浮现在眼前。她能容忍我的脾气,她能瞬间接住我说的笑话的梗,她琴棋书画都略懂……她不完美,可是却跟我如此合拍。很想一咬牙一跺脚冲回去表忠心,以后做一个靠谱的人,可残存的一丝理智还是不想骗人。

我买了一大瓶龙舌兰,一口气喝了半瓶,心率瞬间飙升。失恋就是失恋的 loser 样子,把准备好的戒指也丢掉。再一口气喝完剩下的半瓶,从清醒到烂醉只需要五十秒。闷着被子鼻涕眼泪横流,是酒喝多了才难受的吧。

---

①句意:或许你们应该给彼此一些空间。

第二天下午都还在难受，千万不能那样喝酒，下次失恋喝养乐多就好了。头重脚轻躺在床上动不了，愈发觉得自己是 loser。看着桌上几张明信片，是当时跟杭乖乖你侬我侬时她在凤凰写给我的"清水盈盈，可以浣足……"一摞情书多年来一直贴身珍藏辗转几万里，也都给付之一炬。缘分走了就走了，事无可再改就随它去吧。就像那位女服务员说的，那就 take a little break 吧。还有那么多事没做，大丈夫不得久困于儿女情长。

邻居大师

好在当时有两位活宝 Karl 和 Matt 带着我上天下海到处玩。跳伞、潜水、打枪、上山骑马、出海钓鱼、露天影院、漫画展览……能想到的玩法基本上都玩遍了。我越晒越黑，三人组合越看越像是一块奥利奥。

Matt 每次在玩水的项目上都表现得很疯狂，所以我推断卢旺达应该是没有水上乐园的。Karl 呢，确实有见识，什么都会，他更喜欢返璞归真坐在街边对着过路的女生吹口哨。这种二流子行径一开始我是鄙视的，可后来他通过吹口哨成功搭讪到两位遛狗的妹子，让我不得不佩服啊。

在脱离悲伤阴影区这段时间，他俩给了我很大帮助，在玩乐面前失恋又重新变成一件小事。这也更加让内心那个小我确定了现在的我根本还没做好当一个顶梁柱的准备。新奇世界像奇幻小恶魔，它一招手我根本把持不住。长痛不如短痛，想明白这一层利害，那就画句号吧。难受归难受，总比强扭在一起，两个人因为什么年龄到了之类的理由结婚，以后又被柴米油盐磨烦躁好点。

那就把一起经历过的点点滴滴全挑出来，争吵全摘掉，剩下好的打

包埋起来，逢年过节拿出来凭吊。很幸运能遇到杭乖乖这样美好的女子，让我相信上帝真的会为我们准备一个完美契合的另一半。这也更坚定了我不将就，不能在长辈催促下就糊里糊涂找人结婚生子的信念，还是要相信爱情。

当然在爱情重新来临之前有个空窗期，有长有短，因人而异，沉住气，它正好是我们成为更好的自己的契机。读书，旅行，做好玩的事情，让自己变得更有趣，有一天会有惊喜的。

很庆幸当时我有几个朋友，一起做了那么多好玩的事情；很庆幸当时有一门那么有趣的手艺要学，每天都有新的体验。事实证明在没有感情分心的情况下，学习效率是会大大提高的。

苦笑一下，这样看来，在系统开飞之前把羁绊枝丫掰掉，轻装上阵于学艺是有益的。所以以后你们分手也要趁早，不要一起通宵聊天，不要一起去苏杭，不要在西湖泛舟，不要夜宿九寨，不要去额济纳，不要去鼓浪屿，不要窝在沙发上点蜡烛看《真爱至上》，不要去凤凰，不要吃广东的早茶，不要吃磁器口的麻花，不要尝苏州的鲜肉月饼，不要去杭州的外婆家……

时间线还是转回到几个月后的快乐飞行来吧。Time building 期间，我几乎飞遍整个南加州，人重新回到阳光快乐的状态。我交到很多新朋友，听他们的各式故事，原来优秀又努力的人那么多。

开直升机这个新技能，手上功夫也渐入佳境。选择直升机是对的，跟固定翼相比在飞行上多了太多的操作乐趣。

好基友 Karl 率先拿下商照，几天后不辞而别去了纽约。考试通过那天请我和小马哥去了洛杉矶一家著名的 Strip Club[①] 玩到半夜，纸醉金

---

① 短语的意思是：脱衣舞夜总会。

迷的腐败程度至今仍让我瞠目结舌！Matt 也接着攻克商照向教员照发起了冲击，每天把自己关在房间里苦啃理论。英语对他来说也是第二语言，想完全吃透那些天书般的法规，挺难的。

于是我又回到了熟悉的单枪匹马、自娱自乐的状态。一个人去海边偷看比基尼，或者漫无目的地敞着篷，开着我那辆野马在1号公路上走走停停。有时候心血来潮就开通宵去一个我也不知道是哪儿的地方，反正油价便宜。

在这期间，我还认识了一位有趣的女生Echo Lee。她带着我混天文台、盖蒂艺术中心、洛杉矶艺术博物馆、当代艺术博物馆、科技中心、洛杉矶美术馆、迪士尼音乐厅……终于见着了小时候语文课本上的那些名画，那些如雷贯耳的名字：达·芬奇、凡·高、莫奈、拉斐尔……Echo是个粗犷却又散发着艺术细菌的奇女子，后面纽约那章会再讲跟她的有趣故事。

我在飞行上面也是高歌猛进。目视飞行规则下的正常技巧已经基本上掌握了，与塔台的陆空通话也摸清了套路，偶尔还能在公共频道和路过的飞行员开开玩笑。商照在招手，这意味着，我即将有资格成为职业飞行员了！

两个月后Matt拿下教员照，卢旺达第五位直升机教员在遥远的美国诞生了！小马哥在考试通过的当天就买了机票要回国。他似乎迫不及待想回到卢旺达，对这个无数人向往的美国洛杉矶没有一丝丝留恋。我送他到了机场。临行前一向寡言的他变得健谈起来，说这一别不知何时才能再见，很珍视铁三角玩乐的时光，让我无论如何要去非洲玩。他说以后大家各自在地球的某个角落上飞行，会经常想到以前的。

KM都走了之后，房子显得有些空。有天傍晚我正看书，被隔壁邻居的歌声吸引。一进院子，看到一群爷爷辈的老外在柠檬树下玩乐队，还招呼我坐，给我倒酒，甚至递个非洲手鼓让我拍。那阵势欢乐得不得了。

主人老头叫 Ralph，七十来岁，长发白了但依然很飘逸，很不羁。Ralph 鼻子很大，看起来独身很久了。左手全是老茧，弹吉他弹的。我从未见过那样的手，指尖像被榔头砸过肿得像柴火，关节都变形了却又很灵活。他以前是混好莱坞的音乐人，给克林特·伊斯特伍德的电影做配乐和音轨，年轻的时候很是风光过一阵。

每周四五六，一群酷老头来他家跟着他玩音乐，柠檬树下，几把吉他配上沧桑的烟嗓，醉人得很。自从认识后，我没事就去隔壁找他玩，跟他叨叨今天又飞了什么科目，遇到了哪些好玩的事情，手艺又有哪些长进。在 Ralph 面前，我这年龄完全可以肆无忌惮把自己当小孩。他也不见外，老跟我讲荤段子和年轻时睡粉丝的事儿。以前听故事说有忘年交这回事，我觉得不现实，代沟差那么多肯定是无法交流的。可事实证明，有趣的人哪怕成为老头儿了都还那么有趣。

Ralph 老去一个叫 Ralph 的大精品超市买东西，老头不亏待自己，食物都买最好的吃。我在他那儿蹭过几顿牛排，并献上一份土豆烧牛肉回赠。老头惊为天人，叫我没事多去他那儿玩。没想到啊，以前五谷不分的我竟然因为厨艺加深了跟一位大师的友谊。

另外一位邻居大师住对门。他喜欢光着膀子砍门口的树枝，五十来岁仍非常健壮。我和 KM 组合曾目睹一位超模级大美女从他家搬走。那位美女貌似很不舍，磨磨蹭蹭搬了一下午。他却丝毫不以为意，还在那儿光着膀子砍树。我们流着口水望着美女的美好身段，得出光膀哥一定是人生赢家的结论。

事实上，他确实是大赢家。他叫迭戈，阿根廷人，冠军车手。我每天傍晚跑步，总能在公园碰见他，一来二去就熟了。他五十多岁仍在参加锦标赛，平时骑哈雷、开卡车，车库里一辆阿斯顿马丁、一辆阿尔法罗密欧。

　　有天我看见他在门口用集装箱装车，就搭把手帮他干了点活，完事他请我喝啤酒。他以一副资深浪荡子的口吻说，自己三十岁揣着一百美金来到美国，靠着开街头飞车的手艺闯江湖，闯到现在一直跟职业车手比赛。现如今，每年反过来都是他在挑赞助商……

　　我听得入神，这又是一个传奇像电影中的人物。聊着聊着，他突然说我应该留在美国，我不明所以。他说我是直升机飞行员，这个世界上再也没有比美国开放更多机会提供给手艺人的。车神指了指身后，意思是努力的话，我也可以拥有他这般的生活。不得不说，迭戈的话很有煽动性，让人热血沸腾。当晚回家，我跟打了鸡血似的，看枯燥飞行理论到半夜。

　　他满世界比赛，有时候大半个月不着家。每次回来碰着我，都给我分享他的奇遇，给我看他手机里跟梅西、吉诺比利等大腕谈笑风生的合照。他经常问我学飞学到什么级别了。我老笑着打哈哈，迭戈就一脸严肃地说必须更用功，要成为Pro①才行。

　　与两位邻居大师的接触让我愈发感觉到传奇就在身边。小时候有位木匠表叔，他老说天干饿不死手艺人，想让我跟他学木工活。我还有位石匠干爹，能在大石头上雕花，我爸喝醉一拍大腿帮我认下的。当时十来岁的我觉得他们好像并没有什么了不起，匠人的生活挺惨，老板不结账他们就没办法养家。长大了慢慢意识到人的价值在于不可替代性，任何一个工作岗位，可被轻易替代的人总是如履薄冰的。仔细想想活到现在，除了偶尔臭贫算被姑娘们夸过有才华，好像真没有独到的一技之长傍身走天涯。再想想两位大师邻居，当下决定把直升机这个爱好好好学下去，学精，学成Pro。

---

①词义：专业人员。

想吃飞行这碗饭，不努力是不行的，所以又追加了仪表训练，每天理论联系实际，累得半死，心里却是开心的。正所谓怕什么技术高峰，进一寸有进一寸的欢喜。那段时间心无杂念追求技术上的提高，就像有欢快背景音乐的功夫片主角 KO 大魔王前的训练片段，节奏明快，苦也不觉苦，有方向去努力就是件幸福的事情。

有天傍晚飞完跑到 Seal Beach 沙滩上躺着赏月亮。据说那天 NASA① 的宇宙飞船会经过洛杉矶上空，肉眼可见。我望着远方的繁星发呆，也分不清哪颗是星星哪颗是飞船，心想宇宙飞船里的应该都是 Ralph 和迭戈那样传奇的大师吧，不知道有没有机会成为那样耀眼的人。

顺手从书包里拿出最新出版的进近图，LAX 的 LEENA 5 ARRIVAL 竟看得我鼻头一酸，大意是打西边太平洋飞来洛杉矶的飞机都要先甩一盘子在 Seal Beach 上空转个弯，再去对 LAX 的跑道。抬腕看了看时间，南航那架 A380 也许正在我头顶不到四千英尺的地方，如果足够巧，杭乖乖会在上面。飞机还是那架飞机，航路还是同样的航路，人有到底有没有变化？

可我已经不想去求证了。

---

①词义：美国国家航空和宇宙航行局。

我不要
一成不变的人生

Route 66

（66号公路）

第三章

Route 66

Route 66 认真谈一次恋爱

人们说忘掉一段感情最好的办法是开始一段新的感情，可你去忘掉她做什么？但凡刻意的事情一定都是要打折扣的。事实上我们总是在往前走，来到岔路口后，有的人潇洒，做到决绝走得快；有的人念旧，一步三回头。时间是个奇妙的灵药，使人们忘记肝肠寸断、海誓山盟。直到我们遇到下个小鹿乱撞的瞬间，内心都还有些负罪感。罢啦罢啦，告诉你，爱情不是一生只爱一个人，而是一次只爱一个人。

下面这个故事，与 66 号公路有关，与恋爱好像也有一点关系。

66 号公路是传奇，是象征。这条路从芝加哥起斜穿八个州到加利福尼亚的圣莫尼卡海边。我跑了八个州里面的四个，跑着跑着就拐去了大峡谷，还是拜一贯不做计划所赐。在这条传奇之路上，欢乐与措手不及相生，还好有青春做伴。

即将出场的旅伴叫 Jennifer，是我近几年遇到的女生中最漂亮的一位。Jennifer 是台湾籍，很小就来了美国，现在要算美国人。我们认识的时候她正和男朋友闹分手，家里大人不同意，说家境不匹配。我说怎么你们台湾人都还喜欢搞《流星花园》那套哦，道明寺和杉菜的爱情故事啊？Jennifer用嗲嗲的台湾腔说："呃，好像是喔，可我是'道明寺'耶……"

跟J小姐认识的过程很奇葩。因为祛痘效果很显著，我得去洛杉矶一个药妆店里买洗面奶，以前都是杭乖乖给买的，所以我根本不知道在英语国家买这些瓶瓶罐罐是那么费劲。你说我一个大老爷们怎么可能会知道什么中性皮肤、敏感度、痘的种类这些英文该怎么讲。

说来也怪，那天我鬼使神差地开到圣莫尼卡海边。谷歌地图查到了附近有五六家卖这个牌子洗面奶的店，刚好就选了那家推门进去，里面刚好一个客人都没有，就像电影《卡萨布兰卡》里说的那么凑巧。穿白大褂的店员见着好不容易有客登门，热情周到，以哒哒哒机关枪似的语速给我介绍产品。我严重怀疑她到底讲的是不是英语，每句话全是由闻所未闻的外星词汇组成，根本不可能听懂。

正当骑虎难下进退两难之际，背后出现一个甜甜的有些糯的台湾腔："男生应该听不懂她说的这些吧。"完全是偶像剧女主角出场般自带光环、自带美颜、自带背景音乐。如果拍电影的话此处应该是逆光特写慢镜头。小姑娘接过话头，三下五除二，帮我搞定跟杭乖乖买过的一模一样的洗面奶，还搭了个啥花爽肤水说去痘印。接过店员递过来的东西，我觉得J小姐真是特别厉害。

这位特别的姑娘二十岁，眼睛大大的，带着牙套都还那么好看你有什么办法。她的一口美式英语好好听。她高中是排球校队的，所以肩膀有一点点宽，但在我看来挺性感，不像很多亚洲女生给人的第一印象永远都是一阵大风就能吹跑了，再配上待在加州必然晒黑的肤色，哇，完全符合我心中对青春活力元气美少女的一切想象。

我问她认识宋江吗？

她说:"你在夸我是'及时雨'吗?"

我说:"你怎么知道我是讲中文的呢?"

她一努嘴:"喏,你的帽子刻字那么特别,TANG WEI!"

我一摸头瞬间反应过来,嘿,这小妮子。

于是我故意问道:"那你有心上人了吗?"

她也不含糊,噘嘴说道:"当然有啦!"

我用那种很讨厌的大人专用款语重心长的嘴脸边摇头边说她:"不听话,早恋!"

她毫不在意,把头一抬,打个响指让我跟上说:"那你就请我喝酸奶报答我吧。"

我俩在圣莫尼卡逛了起来。认识新朋友一般都要有个周期,大家才慢慢暴露自己的本性。可是跟J小姐完全省略掉了这个过程,感觉好像很早之前就已经是合得来的朋友了。这小姑娘,像极了十六岁的郭襄,轻盈灵动,让人愉快轻松。

一人一杯酸奶更是拉近了两人本来就不怎么存在的距离。J小姐是那种我讲笑话会非常快 get 到梗的人,脑筋很快,又不做作,初次见面也没有什么防备之心,特别有默契。

我们沿着圣莫尼卡码头的栈道慢慢走着,一路相谈甚欢。这里可能是美国最美的码头,游人如织。夕阳像喝醉后飞在脸颊的红晕。街头艺人里有位墨西哥大叔,表情生动,萨克斯风吹得好好听,连海浪声都成了音乐的一部分。J小姐被吸引得走不动道,我拍拍她肩膀指了指远处的摩天轮说:"《泰坦尼克号》里露丝跟杰克说想坐的就是这个摩天轮。""真的吗？"这姑娘蹦蹦跳跳就往前冲，我赶紧跟上去，难得活捉个这么有趣的女孩，可不能跟丢了。

没走几步，她又在一个牌子下面傻站着。我快步走过去，原来这里就是66号公路的尽头。J小姐呆呆地看着出神，她说她台湾有个哥哥超级迷恋这条路。我说男生嘛都会喜欢几样东西：枪、哈雷、肌肉车、66号公路。她说："是喔，你们男生都蛮狂躁的……"

嘿，奇怪了，这位女生讲英文的时候嘎嘣脆，为什么一切换到台湾腔就这么娇小玲珑。我说那以后有机会我们也去66号公路吧。她脆生生说好啊好啊。

这个栈桥直接伸进了海中间。我们倚着栏杆背靠着海，看着熙来攘往的老外数人玩儿。各种肤色的人都出现在这里。我学着新闻联播的腔调逗她："在我们正前方十五米处的这位黑人胖大叔，其实是共产国际安插在美帝国主义势力中的我党内部人员，LA下城区支部书记曾爱民，多年来以跳机械舞的名义在各大码头收集情报，主抓黑人社区党建工作，为社会主义和平建设立下了不朽功勋！"

J小姐显然没见过这等调调，一脸迷惑天真。她说："我以为只有朝鲜主播才这样呢，那你说那位戴眼镜的大叔什么来历？"我想也没想继续说道："表面看起来是位普通韩国观光客大叔，眼神伪装得如此之深，连我都差点被他欺骗，不过也正是这副眼镜出卖了他。不错！他就是核武器专家金叫唤。他利用X光原理将射线效果减半，通过他那副镜片看到的人，都没有穿衣服！注意看，他头发快掉光了，就是长期使用半X光能力的佐证。"

喔，有时候瞎掰起来真是连自己都觉得很有才华，一旦超常发挥就刹不住车。我转过头看着J小姐的眼睛，用赵忠祥老师的口吻深情款款地缓缓说道："雨季过后，又到了交配的季节，圣莫尼卡海边一片欣欣向荣。来自台湾的 Jennifer 小朋友安静地在栈桥上吹海风，却不知身旁早已危机四伏……"J 小姐笑得花枝乱颤，娇嗔道不要乱讲啦。我说："你这么漂亮又好玩的女生，学校肯定有好多人追你吧？"她又是很干脆地回道："对啊。"

聊得很开心，我提议去 LAX 看飞机落地玩。小姑娘又是一个响指："我知道那里有家店正好可以看到跑道。"如果这是真人秀的话，我一定会转过身对着镜头做得逞的鬼脸，这个女生太好玩了。我只是出门买一瓶洗面奶，怎么从天上掉下来个这么好玩的郭襄？

我俩沿着海岸线风风火火地杀到洛杉矶国际机场，这儿应该是全世界前几位繁忙的大机场。有 25L、25R 两条大跑道，主要伺候宽体客机国际航班起降。几十年来，LAX 不断扩建，机场的边缘已经快延伸到海滩了。

我们找到 J 小姐说的那家店，真是好地方，没什么客人，免费停车，有吃有喝，跑道近在眼前一览无余。我问她是怎么知道这么个风水宝地的，她莞尔一笑，一眨眼睛，显得很神秘的样子。一架 380 正从远处飞过来，远远地还是能听到巨大的轰鸣声，可以想象那强劲的引擎内部正一刻也不知疲倦地在工作着。我忍不住开始讲一些技术参数，我说："J 小姐你知道吗，飞机航行灯应该是左红右绿，说明现在这架飞机是跟我们相向而行。再看 380 这四个引擎，完全就是猛兽，正常滑行加起飞就要烧掉五六吨油，最大起飞总重达到五百多吨。人类真的好厉害，能让这么大个铁东西飞上天。"

航空业一线岗位摸爬滚打这么些年，手里还是很积攒了一些有趣的民航故事的。在 LAX 这个无敌跑道的背景下，787、380 都来当道具，信手拈来的故事总能把这位小姑娘逗得前俯后仰。

我下车进店买可乐，推门而出的瞬间，像穿越进电影里的一个场景，眼前的一切好美！美到让我愣在当场：眼前跑道延长线出去是大海，日落让整个海天相接处好大好大一片都如层林尽染。刚刚起飞的一架飞机保持着昂首上升的姿态，留给我们一个像小孩玩具一般的剪影，飞机朝着日落的方向缓缓爬升着，剪影是那么真实，纤毫毕现。微风从海面吹过来轻抚人面，金黄的余晖从高处洒落人间，折射出一个光环反射在J小姐头顶打转。那一刻时光好安静，一秒变得好长，我呆愣在当场好久。何德何能，能有幸见此美景。全世界不要动，我要再看一会儿。

天色渐暗，眼前的光影又开始有神奇变化。我俩坐上车继续天南海北，聊什么都很开心。此刻大洛杉矶已经开始点灯了，非常漂亮。电台里传来小提琴版的《卡农》。海面上一架飞艇缓缓对正跑道，下滑线是那么平稳，胖胖的飞艇是在进行广告飞行，错落讲究的艇身灯光打给自己，像是缓缓飘落的巨型夜明珠，广告主是美国超级轮胎连锁"GOOD YEAR"。J小姐趴在窗户上，斜着眼睛在看天上的星星，很专心的样子，想必我们彼此也会有个 good year 吧。

晚上送J小姐回家，她们三位女生合租了一个跃层的房子，楼上两个房间。她一个人住楼下，挺大的，收拾得很少女派。地毯上斜靠着一把雅马哈的吉他，我假装懂行拨弄一会儿，心猿意马。血气方刚的年纪，手脚怎么放都不对。倒是J小姐大大方方，倒了两杯红酒，放些轻松的音乐，往沙发上一窝，很舒服的状态。我是那种平时吼得很凶，往往到这种时刻就一筹莫展，空有一身蛮力的人。

我有些魂不守舍，又不知道找什么话题，脑子里收集起来备这些时候救场用的几个笑话也讲完了，难免一阵尴尬的沉默。J小姐端着红酒杯，一只手撑着头盯着我面带微笑，长长的睫毛每眨一下都像在你的心房上下刷。我突然反应过来画面有些不对，便问道："美国要求合法饮酒年龄是二十一岁，你还差大半年才够线，怎么大摇大摆喝上了？"小姑娘一吐舌一副古灵精怪的样子："拜托不要去举报我啦！"说罢拉着我去阳台看星星。阳台上有两把摇椅，一躺，太舒服了！洛杉矶的城市夜景绝对让人震撼。空气有些干燥，赶紧抿两口红酒，一抬头，漫天繁星，低低的，离我们好近，太美了。

J小姐说她每晚抬头就可以看见这样的美景，但她会刻意控制自己仰望星空的频率，因为这样的震撼美景一定要配上好心情才可以。我又情不自禁嘴角往上一扬，这小姑娘还真是跟我有些像。那一刻说不说话已经不重要了，两人肩并肩靠着摇椅看星星，偶尔能听到两声蝉鸣，很梦幻。

又不知过了多久，还是没好意思牵手。哎，无论从哪个角度出招都显得别扭。心里像有小鹿在乱撞，一咬牙，我决定出个大招！

转移阵地回屋，席地坐在软软的地毯上，我故作神秘地说："接下来一个小时我们都不要说话，就盯着电视看，你肯定会牵我的手。"

"哈哈，才不会呢，我又不怕鬼片。"

我说你等着吧。把她的电脑打开，用高清数据线接电视，接环绕音响，查找纪录片《星空》。从这部纪录片问世我就一直存着不忍心看，一直存存存，要等一个合适的场景，毫无疑问，Tonight is the night[①]，是时候出此大招了！

十分钟后，J小姐靠在我的肩膀上，喃喃道："星空好美哦！"我说："这可是哥哥我存了N年的大招，我的手在这里，牵吧。" J小姐大大方方牵过我的手，又是偏头莞尔一笑。凑近闻她的头发好香，轻柔又温暖的味道，我轻吻了下她的头发，香气更浓。然后窝着继续看《星空》，牵着的手感到有些温暖。

第二天一早……

---

① 句意：今晚就是最佳时机。

哈哈，我知道跳过了几个小时不厚道！不过写出来你也不会信，真的什么都没有发生。倒不是不想，哎，说多都是泪，一来是不想进展太快，大家心里都会没底；二是如果效法西楚学霸王，哼，美国判很重的！

那么，第二天一早……她有课，五点半就起床了，蹦蹦跳跳地收拾自己。我躺在床上支着脑袋，看她像一只翩翩起舞的小蝴蝶，这里弄一下那里收一下。真的，那一瞬间我由衷感叹年轻真好。眼前这个姑娘就是一股扑面而来不讲道理的青春气息，就是一个大写的美好身体活生生在这里。收拾妥当后她以为我还在睡，蹑手蹑脚来叫我，我赶紧把眼睛闭起来。她用两根手指夹我鼻子："别装啦，闭眼哪有闭这么用力的，鼻子都皱起来了，快起床吧。"

出门拥抱一下道别，我贱兮兮地说老外不都兴吻别嘛！要不……话音未落，J小姐大大方方把脸凑上来，左右各在我脸上贴一下。然后退几步挥手笑着跟我再见。哎呀呀，这姑娘笑起来真是好看，大眼睛弯成月牙，头歪歪的，可爱调皮，必须给九十九分。

我沿着405开回长滩，难得长期堵的405高速一路畅通，心情相当美丽。U盘插上听两首五月天。嘿，朝阳在右前方慢慢升起，又想起《卡萨布兰卡》里的台词，一切都是这么合适。看了眼躺在副驾驶的洗面奶，你立功了兄弟。

带上你私奔

回长滩后两周没联系。我有一个很重要的飞行实操考试,她也有论文需要写。每天都会想到这只小蝴蝶,期待着下一次再相见。两周后我以挺好的成绩通过了考试,拿着电话准备打给她。真的就有那么巧,她的电话来了……

"我们什么时候去 Route 66 呀?"

"今天吧。"

"你说真的吗?"

"现在开始计时,三小时后,五点我们准时出发。"

"好的,我先来长滩找你。"

挂完电话,我又手舞足蹈,蹦蹦跳跳。我们要去 Route 66 啦!

"道明寺"小姐准时出现在了我门口,小姑娘却开个硬朗的 G500,

让人眼前一亮。我问她能去几天,她说待定,看心情。正合我意,那就走哪儿算哪儿,轻轻松松去旅行。

从加州出去的 66 号公路基本上被 40 号公路替代了。事实上整个 66 号公路在 1985 年的时候是被美国公路系统除名了的。大萧条时期的精神象征已经无法在现代双向五车道的洲际公路面前继续保持骄傲。好在几年后有一群人仍对它念念不忘,成立了一个 National Historic Route 66 Federation[①],在八个州各地分舵的努力下,才让它以"历史 66 号公路"之名重回地图。现存的 Route 66 经常开着开着就不小心上了代替之的洲际,但总会有路牌告诉你下一个出口"Historic Route 66"。所以从概念上讲,你不是一直在一条路上走,但你确实是一直在 66 号公路上开。

公路旅行极少是夜奔的。人们说的风景都在路上可不是在漆黑的路上。谁让我和 J 小姐都是脑子容易发热的人,说走就走的旅行好诗意,但是也容易发困。J 小姐倒是真信赖我,毫无顾忌地睡着。我像秋名山豆腐庄拓海少庄主一样撑着头开了一会儿,睡意更盛,吓得赶紧拿手机出来连上听歌。

《白兰鸽巡游记》舒缓的旋律让头脑清醒不少,接着一首赵雷的《画》,嘿,真是切题。偏头看了看副驾睡得正香的 J 小姐,"画一个姑娘陪着我"。此时此刻的我在传奇的 66 号公路上,开着从小就想开的野马,白天考到了人生中第一本儿飞行执照,现在副驾有一位小郭襄……很幸福的感觉。我决定开个夜车,开去亚利桑那州的某个角落,这样明天一天会长一些。

那一夜的夜车到现在我都记得很清晰。66 号公路和 40 号公路盘根交错,越往深处走车行越少。我在中途找了一个镇子加油。美国的加油站都是自助的,卡一刷自己拔油枪。半夜的公路旅行是非常冻人的,连着好几个喷嚏把我逼回车里,弱弱地开了暖风缓了好一阵。手机没什么信号,

---

① 短语的意思是:66 号公路联盟。

严格地说，我当时是处在迷路的边缘，可我并不担心，这条路上，就算迷路了也是缘分！

继续上路，黑灯瞎火的，谈不上任何风景。可心里是轻快的，像《平凡之路》那个MV，一条路上就我一辆车，径直往前开。天色慢慢在变亮，像上帝起床了在iPad上调今天准备打出的光，五点多吧，终于调试出了一缕完美的朝阳。正好行至一个名叫塞利格曼的小镇，我把车停在路边，支着下巴张大嘴看了好久，摇醒J小姐。这个小姑娘好神奇，从睡梦中被摇醒居然还会有一抹微笑在嘴角，一睁眼看见那么美的朝阳，笑容更深。我俩默默地看了好一会儿早上五六点钟资本主义太阳，无污染无添加的美好。

慢慢地整个小镇也从睡梦中苏醒，到处都是安静的。我们进入一家名为"The Roadkill Cafe"的早餐店。他们的招牌是咖啡，可是卖早餐，到了中午卖午餐，晚饭一过把桌子一收又秒变酒吧。J小姐是点餐高手，给我俩各自点了一份丰盛又不重样的花式早餐。店里挺大，布置得温馨中又有一丝狂野。墙上有些动物标本，可能是之前主人的战利品，感觉挺狠的，齐脖子根儿深处把鹿头切了种墙上，像牛头一样庞大。

零零散散还有一些当地镇上的人在吃早餐聊天，偶尔有眼神接触的时候都互相微笑一下。这偏远不知名的小镇，还是安静的。我连着喝了两杯咖啡，体内因熬夜而来的寒气一哄而散。J小姐拿起蜂蜜往我的煎饼上抹，甜甜地说："辛苦啦，大哥哥！熬夜开那么久车车……"噢，还车车，真是甜到牙都掉了。还大哥哥，我是神雕大侠吗，襄儿？哈哈，幼稚！可是真的很受用，和咖啡一齐服下，瞬间倍儿精神，感觉还可以开个通宵。哎呀，等等，我怎么是个这么肤浅的人？动不动就中美人计。人家都还没开始用计，我就已经中了！

吃罢早饭我们临时决定改道大峡谷，反正也没有拟好的计划需要去遵守。J小姐主动要求当司机，一个劲儿劝我这个大哥哥休息休息，不然到了大峡谷玩不好，真是体贴！坐到副驾上身心更放松，天那么蓝，阳光那么好，电台里的节奏刚刚到，就是眼皮有些重……一觉醒来再睁眼已经到了传说中的科罗拉多大峡谷！

把车停好，我和J小姐沿着栈道到了主观景台，趴栏杆上，我俩同时发出"哇哦"的感叹，太壮观了！头顶有几架直升机掠过，很威风。J小姐目不转睛地盯着几个大家伙，我心想，有天如果是我带她飞的话，她一定会更开心吧。

栈道深处的护栏越来越矮，到后面索性不设护栏了。人们可以直接坐在悬崖边上，活泼的J小姐跃跃欲试。我赶紧拦住她，义正词严道："革命靠自觉，不要为拍张照片把自己搞得很危险。坐悬崖边上的照片只会让家人担心，朋友们也不会觉得有多酷的！"J小姐把嘴一嘟，悻悻地退了回来。

我欣慰地摸了摸她的马尾，真是懂事的孩子。继续往前走，越走越不对，怎么大家都坐悬崖边拍照？不行，咱得坚持原则，不能随大流。又走了一会儿，遇到个一人高明信片广告牌：夕阳西下，明暗对比让大峡谷显得更加深邃壮阔。悬崖边有对情侣坐着的剪影，旁边的文字是"pick a spot make picture like this[①]"，落款是大峡谷管理局。

这……官方还鼓励去悬崖边上玩儿哪！哎哟我去，这让刚刚义正词严地以长者身份教育人家的我怎么面对那双贼溜溜的大眼睛？还好哥见多识广，用一阵哈哈大笑化解了尴尬的局面，大手一挥"Let's go & get some interesting pics[②]"，小姑娘耶了一声屁颠屁颠往悬崖跑去。于是有了一系列看起来悬吊吊的照片。这大峡谷，真是粗放式管理，不

---

①句意：选一个合适的位置，拍一张这样的照片。
②句意：咱们走吧，去拍些有趣的照片。

过出门在外玩耍以安全第一，不让家人担心这一层是不会错的。于是我在发那条朋友圈照片的时候屏蔽了我的妈妈。好奸诈。

继续在大峡谷里穿行，跟小郭襄说说笑笑，沿着栈道可以徒步很久。每一个角度看到的都是不同的震撼，旅行的神奇之处就在于这样的不期而遇。当时的心情就像当时的阳光一样明媚，与有趣的人一起旅行，妙处在于每一秒每一帧都是宝贵的记忆。

再回 66

逛到快日落，俩人都累了。我们决定重回66号公路，那条路有魔力，马蹄湾、羚羊谷都不能与之匹敌。再往前开的话就进德州了。在J小姐心目中，德州是个巨大的农村，人人带枪，很危险。而我心目中的德州因为牛仔的关系简直属于要该去朝拜的地方，得洗干净了，准备好了再去。

我们开到了一个叫温斯洛的镇子，在一对印度夫妇开的公路旅馆住下……第二天一早，哈哈，反正就是什么都没有发生，后面好几晚也啥都没发生。发乎情止乎礼，从心所欲不逾矩，君子！

当天晚上就窝在旅馆里休整，我用iPad悄悄查一些明天的路线。早上起床后，我领着J小姐四处乱逛找吃的，实际上早就在Yelp[①]上订好了。老鹰乐队那首著名的 take it easy 说他站的那个街角就在我们面前。大街上满满的66号元素，瞬间心情好到飞起。我用手机放这首歌，J小姐掩面而笑，说歌词真有意思，七个前女友只有两个想丢石头打他，四个对他还念念不忘。我说对啊，看来不管中美文化差异再大，热爱女生这

[①] 词义：美国生活服务类点评网站。

一点是跨越国界通用的。

丰盛的早餐总是让人心情更加愉悦，J小姐似乎迷上了帮我的煎饼涂蜂蜜。她问我66公路在我心目中是什么。我跟你讲，女生在问你这么大的命题的时候，一定要稳住，不要傻傻地说是"优乐美"。

我轻呷了口咖啡，表情一定要稳，最好略微向上望一点点，放慢语速用雄浑点的声音慢慢说："人类发明了旅行，却又在不断追问它的意义。对我来说，Route 66是二百多个小镇串起来的传奇精神，是横跨八个州的风景。风景总有看腻的时候，可是这条路上的美国传奇故事会一幕幕在我们面前展开。现在我们在take it easy中的街角，也许下午我们就在杰克·凯鲁亚克《在路上》中搭车的地方，明天我不知道，也许是《阿甘正传》里他跑步的那里吧。我的意思是，在乎的不是目的地，而是沿途一起看风景的心情。"

J小姐瞪大个眼睛不眨眼。我又像世外高人一般再抿了口咖啡，浅浅一笑，范儿拿得十足。哈哈，这也就欺负人家台湾妹子没有看过旅游卫视的广告，对东北妹子慎用啊，词儿都熟，装过界再挨打了。

此后的几天我们都在66号公路上驰骋穿行。美国西部的州哪怕冬天都会艳阳高照，亚利桑那热浪名不虚传。我们把篷敞着，头手都伸出窗外，网易云音乐找个Route 66的歌单连上放，不自觉跟着节奏跳起来。对向车道偶尔有一两辆跟我们一样奔袭玩耍的车，大家就像美国队长他们敬礼那样酷酷地微笑打招呼。

每逢小镇我们就刹一脚，去逛。礼品商店都大同小异，但总有新奇在平淡的小店里：贴满亚洲爱情动作启蒙老师海报的厕所、满是哈雷骑士双臂文身的小酒吧、收集五十多辆老爷车的发烧友疯老头儿、腰带上别着亮闪闪银枪的加油站掌柜……我们一路走走停停，嫌弃相机不能拍出亚利桑那州十分之一的美，嫌弃层层渐变的天空抓不到带不走，索性撤了相机，席地而坐，公路有些烫屁股。

我们与人交谈，原来酷酷的哈雷骑士不是坏蛋。他们一群人，因为某个小镇上有家私房汉堡，就从四面八方聚集起来，轰隆隆奔袭二百英里去尝。还有几位退休的老头，也驾驶着哈雷，给我们讲 London bridge is falling down 这首儿歌的故事，老头儿当年的老板花大价钱把一万多块石条编号从泰晤士河上拆下来横穿地球运来这里重装。这些个把玩耍当成正事来办的美国人哪……

就像山中不知岁月，这条公路像是有个强有力的结界隔绝滚滚红尘，我甚至都忘记了我们到底玩了几天。塞利格曼、阿什福克、弗拉格斯塔夫、金曼、奥特曼，这些个小镇一个都没漏玩过去。半道上说停就停，想起某个好玩的画面又不介意再开一两个小时回头路。

在烈日灼心、热气蒸腾的戈壁中，我凭记忆模仿郭德纲给 J 小姐表演相声，告诉她于谦老师的父亲王老爷子的故事。快靠近"亚利桑那铁岭"弗拉格斯塔夫的半道上我们下车看蚂蚁排队，我瞎掰蚂蚁群体里一定有一位"大祭司"这样的职位，负责感知天命、下雨与否来指挥整个族群举家迁徙。在奥特曼出来遇到一只山龟，慢吞吞过马路，我们助龟为乐帮它过到对岸，开走后却不太确定这龟的过路方向，不知道帮对没。

我们下午会开上山头看落日，早上谁先醒就摇醒对方起来去看朝阳，早餐都会很丰盛，煎饼要涂上蜂蜜。我能想象到的和女生一起公路旅行最完美的画面也就是这样了。所以说时间充裕真的是一个资产。曾经在西藏碰到过一位老鸟达人，说啥都懂，哪儿都去过。他很精辟地总结出门旅行时间不够才需要好好做计划，时间充足的话就应该随心走，每一刻都是崭新的。

没有时间的催促，没有必须要赶的行程，没有上司追命夺魄的电话，像小朋友一样玩，开心得很，一股浓浓的自由味道。

也不知道晃悠了多久。每天走走停停，直到 J 小姐接到个电话说要回学校了。美国大学生其实挺忙，宽进严出，像这样半翘课性质出来玩这么久已经属于很难得了。

实际上当时我们已经进入了加州的地界，杀上高速的话三个小时我们就能赶到她学校。J 小姐把头一歪甜甜地说："这次公路旅行好开心哦，在这条路上每一秒都感觉很自由，我们还是继续 66 号回洛杉矶吧。"正合我心意，原则还是不着急，顺着往前开。

也许是快要结束这趟说走就走的旅行，多少有些小伤感，连公路上这几天已经看到有些审美疲劳的 66 号盾标也显得尤为可爱。挺长一段距离无话，这在我们整个旅程中极为少见。突如其来的安静更衬出不舍，我把 U 盘插上，《南山南》《春风十里》，J 小姐支着头静静听民谣。

天色渐暗，太阳公公收拾收拾想下班了，一抹余晖在我们面前绽放。你以为太阳下山了，转个弯，又给来道金色底的彩虹！J 小姐轻声说好美喔。我也不做停留，留不下的别牵挂。大彩虹折射出一个光环拱门在路中间，车从中间滑行而过，J 小姐依依不舍地望向后视镜，又望向我。不知她的小脑袋里在想什么。

终于在晚上九点多到了圣莫尼卡海边。把车停好，下来活动下筋骨，J 小姐的学校离这儿只有几条街。总算是把宝岛的宝姑娘安全带回来了，由内而外真真正正毫发无伤。

我们沿着码头往深处散步，J 小姐恢复了蹦蹦跳跳的活泼作风，拉着我的手非问我：到底谁说的那个摩天轮是 Rose 想坐的？机械舞共产党员怎么下班这么早？那个金叫唤教授回去了吗？我被她逗得一阵大笑，虽然认识的时间不长，但好像已经有好多只有我们才懂得的故事了呢。

海风把衬衫吹得猎猎作响，不知不觉走到了上次来过的长椅，我顺势把 J 小姐揽入怀中，她把头靠在我胸口，还是这么好闻，又亲了下她的头发。拥抱好久，一抬头，旁边立着的那块小小的牌子写着：End of trail①。

正是在这块牌子下，算是正式在对方的生命里退场了吧。基本上算是陌生人的我们突然决定要去走走，绕了一大圈的 Route 66。千把公里的迂回辗转走走停停，那些小镇是背景般的见证，画布样一层层色彩叠加做场景，不知道故事明天会怎样去发展，此时此刻相拥入怀的画面对我来讲分明就是一场认真的恋爱。

管什么明天！

明天 J 小姐回台湾了。

也罢！在 66 号的尽头开始，同样在这里结束。朝朝暮暮细水长流的感情好像一直离我都很远，至少每每回忆起这段公路旅行，我们记忆中的对方都是有着鲜活明媚笑容的。

把那一瞬在栈桥上相拥的画面刻进时光里，随手翻阅也不会旧。

烟花易冷，却亮过夜空中最亮的星。

多年前风陵渡口的黄衣小仙女，神雕大侠在她生日时为她送上漫天烟火。他们说一见杨过误半生，他们哪懂那惊鸿一瞥的惊艳烙印。世事轮回调个个儿，郭襄小朋友，这次换你做烟花了。

从不后悔那天鬼使神差去买洗面奶。

---

①短语的意思是：旅程终点。

我不要
一成不变的人生

vegas 北北！

第四章

vegas 北北!

vegas 北北!

小时候看爱迪生发明了几百样东西,心里一紧,那我以后千辛万苦搞的发明,却发现人家早就已经发明过了,这可怎么搞?果然,去一趟Vegas①,跟电影《宿醉》撞情节了。我没有太多底气讲这个故事,怎么讲都像抄袭。在此声明一下,我的回忆并没有出错,如有雷同,因为那是Vegas!

那天是周五,一群留学生一大早约着出海。大家租了个游艇,开了两个小时,在海中间停下来看海豚调戏海狮。女生们穿着比基尼在那里拍照,男生们边喝啤酒边流口水看比基尼。

我看了一会儿,觉得燥热难耐,就跟一位小伙伴跳海玩。跳下海爬上船又跳下去。跳到第三次,小伙伴抽筋了,好在他穿有救生衣,泡在海里,面色平静地跟我说他抽筋了。我也很镇定地说没事,我带你上去。民航从业者——飞行员、安全员、空姐等每年都要接受生存训练,包括

---

① 词义:拉斯维加斯。

海上救助溺水者。这项训练我做得很好,每年都左右开弓救了好多人。

可我们当时是在游泳池模拟训练的。当发生在海里时,两分钟后我就知道高估了自己。离船只有十来米,可带着个人,我怎么也游不过去。用尽所有学到的救人技巧,还是被海浪卷着往陆地拍,风却把船往深海吹。

五分钟后,我开始呛水;十分钟后,我没有了一丝力气。真的感觉到了恐惧,内心有个声音在狂叫,完了完了,今天肯定要交待在这里了。

后来全凭一股本能挣扎回了船上。躺甲板上缓了二十分钟,四肢一直在颤抖,进厕所吐了两三斤海水。小伙伴因为穿了救生衣反而没被呛到,但吓得半死,脸色也是苍白的。

比基尼们依然端着香槟在拍照,音乐很大声。哥们儿走过来坐我旁边,我连起身的力气都没有,苦笑了一下。他点了根雪茄抽两口,愣半天后说道:"今天差点儿真交待在这儿了。"

我问:"你叫啥?"

"Joshua Feng。"他说。

我上气不接下气地说道:"好名字,叫我雷锋。"

Joshua 把雪茄递过来,我有气无力地摇摇头。他说:"救命之恩无以为报。上岸我们去 Vegas 玩两天吧,生命太经不起折腾,活在当下,玩玩去。"

我眼睛一亮,一字一顿地说:"你,买,单!"

上岸后我们就直奔拉斯维加斯去了。

Joshua 名字长,为方便叙述我们就叫他小 J 吧!小 J 开一个皮卡,道奇公羊,V8 发动机油门踩起来简直是在咆哮。内饰硬派,简洁优雅没什么花里胡哨，坐起来很舒服。我把脚跷到驾驶台，作为救命恩人，是不必太拘束的。我问小J这么大马力个车平时拉啥呀？

他说："回恩人，拉船。"

"啥？"我问。

"我在西雅图有个船，偶尔在湖里开一下。"他说。

什么？你不会游泳啊，你有个船！我强忍住胸中的狂暴，这是不能脱口而出的。西雅图哥去过，他说的那个湖，对岸是加拿大，湖边是比尔·盖茨家，在里面跑船玩的都是硬茬子。

我不禁仔细打量了一下小J。他戴个金丝边眼镜，挺斯文，衬衫也是熨烫服帖的。一口北京口音倍儿拔份，讲英语的时候又是伦敦腔，给人很高贵的感觉。年纪吧，应该跟我差不多，也就二十五六七八岁吧。他开车的时候背也很挺拔，身形一看就是长期坚持去健身房锻炼的。头发弄得一丝不苟，很精神。明明大家刚从海里逃生起来没多久，我的头发还像古牧的迷之发型一般耷拉在脸上，他是什么时候悄悄整理的？我到底救了个什么货，怎么一股有钱人的味道？这趟Vegas之行，究竟会发展成故事还是事故？

我们上了15号公路。纽波特海滩到Vegas全长近四百迈，五个小时车程我俩没闲着，互相家里几只猫几只狗都聊出来了。这哥是真有钱啊，在美国有俩大房子、五把枪、三辆车、一条船，都是用来玩的。他来加州度假，第一天就差点儿给淹死在太平洋。这不，他感慨生命无常，为了报救命之恩，决定带我去Vegas放纵去了。

可气的是，人家不是糟蹋爸妈的钱来享乐。这哥们儿十六岁离家去英国读书，大学毕业又在澳洲深造双学位研究生。在校期间做红酒进出口挖到第一桶金，后面用学到的知识滚雪球做地产金融，跟国内玩资本那些人搭起伙挣钱。他以投资移民的身份来美国，现在在达拉斯、列克星敦有两家法式餐厅……他周末准时去教会，还在学习固定翼飞机私人驾照。活脱脱一个该出现在杂志封面上的人物……人比人想死，货比货得扔，还好我用颜值来扳平了比分，哈哈。

和优秀的人交朋友总是很有乐趣的。小J热情健谈有见识，风趣幽默不做作。与这样的人聊天是种享受，他思维清晰讲逻辑，是非善恶能厘清。况且他年纪轻轻成就斐然，让人陡生加分感。这人哪，要是只比你好那么一点点吧，你可能有不服气的心态，可是别人比你优秀太多的话，就只剩佩服的份儿了。

一路上小J讲他十几年来在各国闯荡过的江湖。管中窥豹般有缘听闻一段人中龙凤的人生体验，非常过瘾。车外风景单调，不过很壮阔，一马平川。云低低的，压在头顶，阳光耀眼。路上车流也多，加州好多人都有去Vegas过周末的习惯。

小J说他曾经在赌场输掉过一栋海景房的钱。我倒吸一口凉气，心里盘算着汇率和海景房的价格。想骂句败家子吧，人家输的又是自己挣的钱，只好咬牙恨恨作罢。这时候小J补了一句："压力大，及时行乐，活在当下嘛。"

终于到拉斯维加斯主街，街名是Strip。我有些兴奋，脱衣舞女叫什么？Striper！这街名会不会太赤裸裸了，好羞羞。小J给我一拳，说道："想什么呢？斑马线还strip哪，这条街中文翻译是'长街'，要淡定。"

电影里出现过无数次的场景啊，漂亮！我很兴奋，把窗户摇下来探出脑袋去大喊大叫。小J就显得很淡定，用一种过来人的语气跟我普及道："估计这个星球上所有雄性动物都会认为拉斯维加斯是理所当然的天堂。"他顿了顿，看了眼导航继续说道："三百六十五天二十四小时连轴转的赌场、全地球最漂亮的脱衣舞俱乐部、全美国最好看的秀、拳拳见血的终极格斗、drive through①的结婚登记处、人间难得几回见的007开的超跑，还能坐直升机在沙漠架个机关枪往外打……"

我说等等直升机打枪这个好。小J也不理我，径自说道："在这儿，你能想象到的一切玩法，都有！而且到了极致！当然，前提是要花钱。"

说到钱我立马没了底气，小J爽朗地大笑道："别担心，兄弟。"我瞬间了解古装剧里那些为虎作伥的狗腿子是一种什么心理了，有个有钱还喜欢乱花的朋友真是分分钟激起你为他卖命的冲动啊！

说话间，J少爷一脚刹车，"到站，恩人咱下车吧"。我的天哪，凯撒皇宫啊！Caesars Palace啊！《宿醉》就在这儿拍的啊！下车后J少头也没回，泊车小哥就自己把车开走了。我俩也没什么行李，一人趿拉个拖鞋就往人家酒店里冲。

走南闯北我也算是住过很多四星级五星级酒店了，可在凯撒皇宫面前，都跟闹着玩似的。这大厅也太豪华了，千言万语汇成四个字：金碧辉煌！大厅连着就是大商场，店牌林立，古罗马风格天空内饰，壮观无比。右手边是一眼望不到边的老虎机，往里走，赌桌比《赌神》里的还霸气。

像Vegas这些个酒店，提前订的话是能拿到便宜的价格的。可我们这种直接闯进来住的就悲催了，贵，还不一定有房。工作人员彬彬有礼地跟我们寒暄，J少酷酷地把驾照递过去，对方在电脑上一阵摆弄："欢迎回来，MR.Feng，还是住顶层那个房间吗？"

拿了房卡，上楼休息会儿，晚上再出去晃荡。

酒店的床挺软，我囫囵倒下去。再起来已是晚上十一点半，巨型落地窗外的景色好美，想必J少已经出去大杀四方了。我回房间洗把脸给他打电话，点开通讯录那刻猛然一拍头，聊得太开心，忘留电话了。

---

①短语的意思是：快餐店的汽车点餐模式。

我身上还有二百刀现金，下楼来了块蛋糕垫巴垫巴，出门跟着感觉走。嚯，整条街富丽堂皇，原来景观灯是这么用的，以前在重庆香港也见过夜景，跟这一比是另一种感觉。

路上行人熙来攘往，接踵摩肩，各种口音都有，一个个咧着大白牙开心得很。女生都穿得好清凉，一寸布料都舍不得多用。老美汉子们好幼稚，在街头提个啤酒瓶就感觉自己好酷好叛逆，因为美国公共场合是禁酒的，但 Vegas 网开一面。

满大街的人都轻松愉快，陌生人醉醺醺互相 High Five①的环境，让人一下就被感染。我两手各提了瓶啤酒，遇到拿酒瓶的人就去碰一下，渐渐地半条街都 high 起来。他们喝啤酒都遥遥地互相举一下就算数，哥本着共产主义精神教会了他们碰杯，丁零咣当更显热闹。要是再引进香喷喷的羊肉串、大腰子、划拳……啧啧啧，文化入侵指日可待。

手里两瓶啤酒不多久就见底了。我跑去一个卖酒的商店，嘿，你说凭什么搞住宿的叫酒店，你让人家卖酒的叫啥？我冲柜台黑人大姐咧嘴一笑，大姐略厚的嘴唇往上一抬"请出示身份证"。我一摸兜，真棒！驾照、护照、房门卡全丢了。房号我也没记住，没证明年龄的 ID 是肯定买不着酒的，出师不利先丢东西……

你一定以为我会很沮丧，对不对？并没有。

这可是 Vegas，上赌桌！打牌的人喝啥都是免费的。我以前读大学的时候去西安兼职当荷官，一个土豪楼盘开盘，搞模拟赌场让业主玩。广告公司从澳门请了专业荷官给我们几个兼职大学生培训。我当时掌管一张 21 点（21 点又叫 Black jack）的台子，三周多，那张台子上的礼物一件都没送出去。主办方惊呼奇才，而哥则是深藏功与名，仅留下了

---

①短语的意思是：庆祝成功的击掌。

NO.4　vegas 北北！

一个留着大背头的背影。

久不打牌，刚开始还是紧张的，几把过后发现当班的荷官自己手风不太顺时就轻松多了。桌上四位赌客，俩老美坐中间，把我和一位日本大叔隔开，在花花绿绿的筹码面前，玩家们都是团结的，每当有人拿到 Black jack 的时候都互相 High Five。红脖子老美每次要酒都会为我要一杯，日本大叔每次赢钱都还挺不好意思地跟荷官 Tony 深深点个头。我有一把拆了三副牌都赢庄家，还很幸运地拿到过一把三条 7 PK 掉庄家的 Black jack，桌上都炸开了。红脖子大哥咬着搅酒的小塑料棍子，拉住路人指着我牌说："Dude, this man is on fire.①"

我很低调地笑笑，抓住兔女郎要巧克力，自带慢动作，用很浮夸的赌神高进的动作连吃了好几块。几大杯威士忌入喉，不一会儿面前的筹码就有了厚厚一摞。

永不收工的赌场环境里，时间失去了度量衡的意义。揣着一大摞筹码，走路开始发飘。威士忌开始在身体里发作了，觉得酒店的地毯好舒服，像踩在云朵上。打牌没意思，我找了个吧台坐下，拿一叠筹码，点了杯饮料。吧台桌面紫色的灯光照上来衬得酒好诱人，又点了好几杯其他大名鼎鼎的鸡尾酒，一杯比一杯好看。我平时酒量一般，不知道那晚怎么状态那么好，到那会儿都还没醉。

我以为自己还没醉，内心还在暗自得意简直海量啊，对！就是从那儿开始断的片儿。

---

①句意：兄弟，这个人火力全开了。

《宿醉4》

再醒来时我是睡在地板上的。我挣扎着爬上床，床垫软得不像话，被子也好闻，就是头疼得厉害，像被人拿扳手一直敲后脑勺。这并不是我之前住的那间房，要大得多，是个套房，很豪华。脑袋里像装满糨糊，咣咣晃荡。

我是怎么来的这儿？我不是在吧台喝鸡尾酒吗？这也不是凯撒皇宫啊？昨晚后来又发生了什么？一连串的疑问让本就脆弱的内心又增加了一丝惊吓。肚子又饿得难受，想喝水又不愿起身。一偏头看到床头有个iPad，屏保上几个字飘来飘去：Good Day, Mr.Tang。

抓过来一看，落款是Aria酒店。这个iPad好神奇，可以用来控制开关窗帘，调灯的亮度，调床倾斜的角度，遥控电视、广播，还能点吃的喝的，放洗澡水……功能太多了，好玩得很。哈哈，这个新鲜玩具让我暂时忘记了自己的奇怪处境，点了一些吃的，继续玩了好一会儿。

十五分钟后iPad震动提示有人敲门，工作人员推个小餐车进房间。生平第一次享受躺酒店床上吃送到跟前的餐。吃完饭体力恢复好多，但还是不想起床，一想到中间断档的这十几个小时心里又打鼓，护照什么的也丢了……管它呢，过会儿再说。于是我又用iPad玩开关灯，玩了好久，好神奇，床下面都还有一圈灯。

总还是要面对的。按套路走吧，根据多年宿醉后醒来的经验总结流程如下：

1. 找手机，会发现手机屏幕摔坏了。

2. 看通话记录，会发现又给前女友打电话了。

3. 微信聊天记录，会发现又在各个好朋友群里发神经了。

4. 想找个地缝钻进去，心里默默地发誓再也不喝这么大了。

挣扎着起床在洗手池里找到手机，干的，还有一半电量。很多未接来电，短信也有好多条，连邮箱都有好多封新邮件。这平时半个月不响一声的电话总是在喝大之后那么繁忙。未接陌生电话里有一个打了二十多遍，得回过去，肯定有线索。可通话记录里Amelie、Stacy、Vivian，是什么情况？每个通话记录时间还挺长，我也不认识啊，什么时候存的号码？

先不管它。邮件是航校催我回去的，说有机会从田纳西开一架直升机回加州问我有兴趣没。连环发那么多，添乱！不管它。打开微信，好嘛，回到了熟悉的一幕：给前女友留语音，还打字，给好兄弟群瞎掏心窝子，给老同学群瞎发红包，居然还跟失联好多年的初恋微信视频了二十分钟……真棒！每次喝大后在用手机做蠢事方面我都是百尺竿头有新突破。

我给那号码打过去，是J少。好了好了，终于找回靠山了。他问我在哪儿呢，听声音也像喝大了还没起。我赶紧说我在Aria。他问我怎么跑那儿去了。我说我哪儿知道那么多，断片了。他问我房号多少说待会儿过来找我，我就拿着电话出门去看房号了。

一推开门，我傻了，这套房客厅很大，枕头里的羽毛散落一地，一中国籍男子耳贴电话，左右躺了黑白两位比基尼。我与该男子四目交汇的一刹那，互相飙了句脏话。对！就是那个J少！这个禽兽踉踉跄跄爬起来倒水喝，我目光还盯着地上俩刚醒的比基尼流口水，光腿长就至少一米五啊！

在国外最大好处就是可以当着老外肆无忌惮畅所欲言，中文自带加密功能。J禽兽边喝水边说："这位黑珍珠是你的心动女生，你跟人聊了一晚上后来却非要自己睡。"

我怒气不减："自己睡？我不是那种人，你见过有人把梦想天使拒之门外的吗？"

J："我当时也觉得你脑子有病，世界顶级比基尼你只聊天。"

我恨得无言以对，说道："好，先不说这个，我们怎么到这儿的？"

J："我们本来在凯撒皇宫里的俱乐部啊，怎么到这儿的，我也不知道。"

我愈发疑惑："可是昨晚上我们是失联的啊！"

J："半夜街头偶遇了，当时你跟一帮黑人坐路边向路人卖weed，我俩还勇闯了他们的老巢。"

越来越乱，头快要炸掉了。此时两位比基尼也起床了，睡眼惺忪地过来跟我们拥抱吻别，然后穿个比基尼就直接出门了。我依依不舍地望着门口的残影，除了吧唧下嘴巴也别无他法。J少给我也倒了杯咖啡，我俩席地而坐，开启了一段到现在为止我人生中最为癫狂、最像电影的事实型描述性对话。

J："恩人你不说不喜欢打牌吗，怎么我见着你时手里至少七八千的筹码？"

I："玩了几把21点，最多四五千吧，哪儿有那么多，你在哪儿见的我？"

J:"街上,纽约纽约门口,你跟几个黑人毒贩蹲栏杆上卖weed!"

I:"我哪儿认识什么毒贩?这哪儿跟哪儿啊?"

J:"岂止认识,那几个黑人都快跟你拜把子了,你请人喝啤酒。我俩还去了他们的老巢,跟电影里大毒枭城堡差别好大,就一普通酒店标间。"

I:"你详细说说。"

J:"我昨天遇见几个哥们儿,说是国内做音乐的,半夜吵着说买weed,经过纽约纽约门口看到你正跟一帮黑人瞎侃。他们就跟这帮黑人买了挺多。这里的毒贩大都在加州进的货,一包二十买三十卖,你跟人吹牛说给人供货十五刀一包。我跟你一相认,一带头大哥立马说请我们详谈。"

I:"我怎么一点印象都没有?这太危险了吧,劫财劫色咋办!"

J:"你当然没印象,我看你双眼都是红的,电梯上行时你非说自己是蝴蝶。进带头大哥房间,人又是雪茄又是香槟伺候着,跟我们谈生意谈好久。你倒好,在那儿装蝴蝶,我背心都湿透了。"

I:"怕他们砍你啊?"

J:"哪儿那么容易砍人,又不是古惑仔只手遮天。万一他们是警察就悲催了,老美也常钓鱼执法的。"

I:"我怎么听起来那么科幻?后来呢?"

J:"后来带头大哥估计也是云山雾里分不清虚实,加上那帮搞音乐的哥们儿买挺多,就派了个加长林肯送我们回凯撒皇宫。一回去你非吵着坐那个旋转扶梯,说原理像机场行李转盘,逮人跟人解释这是用龙虾壳灵感设计的。你还抱着雕塑不撒手,非要脱衣服给维纳斯穿,说女神这么美,怕冻感冒了。"

I:"估计是打牌的时候多喝了几杯醉的,每次喝醉洋相花样都会翻新。"

J:"然后你吵着要去夜店,凯撒皇宫的贵,我动员你去strip club,看海报说维密一群超模在里面压场子。你没护照人不让进,你真牛!仨黑人都跟奥尼尔似的,你一人给一百筹码贿赂,后来这仨哥们儿举着你进的卡座。"

听到这儿,我已经想捂脸逃走了,后面指不定还有什么劲爆内容。对他说的这些我将信将疑,可我拿着咖啡杯的左手手腕上分明有个手环,上面烙着"pure N club"。且听听他还怎么说。

J:"三十块的舞蹈你非给一百,还在那里吟诗'千金散尽还复来',点了好多鸡尾酒摆桌上,拦都拦不住,搞得很豪迈。妹子们一看你出手阔绰就都来围着你,你就更疯了。一大波金发碧眼在你跟前,你都目不斜视,就跟刚才那位黑珍珠Stacy聊了一晚上,您的审美也够大胆的。"

我问:"那些筹码也不够啊?"

J少嘴角一抽把他手机递给我说:"二十分钟没到,您就把身上的筹码糟蹋干净了,后来我又刷了差不多五万刀。"

我看他那消费短信看得心惊胆战,赶紧递还给他,太阳穴也开始跳,这么多不可描述的内容居然一点印象都没有,拍个照发朋友圈多好……

I:"那我们怎么到这儿的?"

J:"我是在俱乐部里断的片儿,后面就断断续续记着回了楼上房间,你不让人Stacy进门,我就只好收留她了,可怎么来的这家Aria我真不知道。"

I:"然后你们就疯狂地玩枕头大战,看这一地鸡毛。"

J:"记不清了,应该是。"

正说着话,手机响了,TJ来电。我哪认识什么TJ啊,初中同学汤健啊?现在,他在我们那一个乡上当干部呢,混得挺不错。J少一看号码撇嘴道:"带头大哥TJ,估计找你要货来了。"

我一听手机差点吓掉,索性关静音把手机丢旁边了。J少又轻呷口咖啡用很讨打的表情道:"不过也有可能是位超模,昨儿你一掷千金的时候好多妹子在你手机上输号码,好像有位超模。我看了,你输入法搜狗的,真是难为这些帝国主义妹子了。"

说那么多，也不知道事实到底有没有这么夸张。不过这孙子左拥右抱我可是亲眼得见了的，这个恨呀，传说中的齐人之福啊。我越看他越不顺眼。

I："待会儿我们去看百丽宫上空秀吧。"我冲J少挤眼睛。

J："嘿，你根本用不着去看那些了呀，昨儿千金散尽的时候尺度可大得多。"

I："也罢，那我们去开直升机打机枪吧。"

J："恩人，恕我直言，那个太贵。再说临时去肯定不行，要预约。"

也罢也罢，先将一捋。记忆整个缺一大块，中间还有很多断档的地方没续上，又和J少对了对一些细节，还是琢磨不明白整个情节，太科幻了。算了，想不明白就不去想了，反正这儿是Vegas，每天都有新的疯狂。

又缓了一会儿，我俩下楼去吃那个著名的自助餐，J少提议去开超跑。Vegas有个专业赛道，里面可以开传说中的超跑，两三百刀，可以开个两三圈。专业车手给你培训驾驶，还给做视频。

饭后我俩径直出了酒店，美帝从汽车旅馆到七星酒店，我遇到的都不收押金。可是时至今日，我跟J少都还没有弄明白那晚的套房是谁开的，我俩都没有收到账单，这仍是一个谜，难道Stacy仗义出手？……真是感动中国。

从酒店出来，J少去玩超跑，我则去看大卫·科波菲尔的魔术秀。大卫在我心目中是和科比比肩的巨人！能见上一面简直三生有幸。一路吹着轻快的口哨蹦蹦跳跳着去MGM，就是那个标志是一头狮子拍电影那个美高美。

Vegas这些秀，完全可以称之为我们整个人类历史上最巅峰辉煌的秀！凝聚的是我们整个现代人类的最高心血投入，艺术性和视觉震撼上纵观整个地球都无可匹敌。而大卫的魔术秀，在想象力上，是金字塔顶端的最尖尖。

作为一个哈利·波特的资深粉丝，对一切魔法世界都是好奇并笃信不疑的。就我而言，大卫秀真的像是等圣诞礼物的小朋友无意中亲眼见到了圣诞老人。整个秀，我的嘴都是合不拢的。人真的是可以飞的，他真的是可以瞬间移动的，他还可以用意念取东西……穷尽想象，大卫总能突破你对物理、对整个世界运转规则的理解！

常识在这个空间里的唯一作用就是用来被突破的。未卜先知、点石成金、撒豆成兵……每一秒都在孕育奇迹。让我不得不怀疑其实大卫本身是一位已经掌握神秘力量的魔法师，为了混生活才来我们麻瓜世界伪装成魔术师。又或者MGM是我们人类的领先力量，开辟一个结界供大卫排演阵法，直到哪天跟超越科学的文明对决。对对对，一定有盘大棋正在上演。

我全身心地投入到一场奇幻冒险，身心愉悦啊！大卫站在观众席里一举手把自己变成了一个七八岁的小孩子，小孩子跑到舞台中央继续表演。先是从小孩的手心里源源不断地飞出小雪片，后来整个舞台都开始下雪，然后整个场馆都开始降温……

正瞪大眼睛不可思议着，手机响了。打开一看J少短信，连着三条："急，务必接电话！"随后电话打过来了，我接起来压低声音问他干吗，他说可以去坐直升机打枪。我一听差点儿骂人，刚才不是说不行吗？J少说快点儿，他马上到MGM门口了，见面再说。我望着舞台上的小孩，也不知道大卫的真身在哪儿，我是真想留下来继续看魔法啊，可是那边是那种大 machine gun[①] 啊……

[①] 短语的意思是：机关枪。

带不走的别牵挂，我弓着背起身往外走。出了场馆，一加长路虎呼啸而来，还没刹住车后座就在开门。J少满脸兴奋地招呼我上车。一入座一大杯香槟就塞我手里："恩人，阿帕奇是不是很牛？"

I："朕心目中的第一，咋啦？"

J："我们正在去坐阿帕奇的路上。"

I："什么情况？你倒是说明白点，大卫·科波菲尔我都不看了。"

J："在超跑赛道里遇见一台湾哥们儿，我俩飙了好多圈，他的车开得真不错。一来二去混熟了，他说要去试驾阿帕奇，问我去不去，我赶紧给你打电话，还说有机枪可以打。"

I："阿帕奇哪有那么容易现真身，再说原版座位也不够，估计是旅游直升机，你别听岔了。"

J："咱先去看看。"

车开了二十来分钟到了一个军用机场，老远就看到一大排黑鹰排排坐。每一个直升机飞行员看到黑鹰、阿帕奇眼睛都会发亮吧。我滔滔不绝地跟J少扫盲道："阿帕奇直升机，毫无疑问是当今低空最强者，曾创纪录用一架飞机干掉十六辆坦克。它的名字来源于印第安人一个部落勇士的名字。"

J少搭话道："就像切诺基？"

"对！切诺基也是我疯狂迷恋的另一个事物。哎，咱不会真的有机会坐阿帕奇吧？"

说话间一位大兵领我们进了机场。那身装备，啧啧啧，胸前横一杆M4，腿上一把格洛克，威风凛凛，好棒啊！我不知道为什么说不想当将军的兵不是好兵，当一个如此帅气的兵不好吗？经过两道门后，我们穿进了机场隔离区，玻璃墙外面就是停机坪，热血啊咕嘟咕嘟快要燃烧起来。两位上尉军衔的飞行军官从办公室里走出来，跟我们点头算是打招呼。台湾哥们儿姓郭，我们叫他 G 少吧。G 少跟我们打招呼寒暄，看不穿他的表情。两位军官出去给飞机加油做飞前准备工作，G 少有些欲言又止。我说："是不是有些不方便？"

J："别介啊，我恩人魔术都没看了专门跑过来的。"

I："没事儿，这玩意本来就敏感，下次去坐商业的吧，也很带劲。"

G："实在是不好意思啊！"

继续寒暄了几句，G 少便告辞刷卡进机坪了。我和 J 少面面相觑，不一会儿，发动机启动的轰鸣声开始咆哮，旋翼被带动旋转拍打空气的尖啸声在我听来是那么性感。能隔着玻璃看着这些适航的传奇，我已经非常满足了。J 少面上却有几分沮丧，想必像他这样的人，基本上都是想做什么都能实现的吧。

他拉着我出了房间往回走，刚才那位帅大兵又一路护送我们出了机场。天已经全黑了，J 少在打电话叫车，我望着远处 Vegas 的"城区"，突然有种高潮退去之后接踵袭来的空虚感。这一切都太不真实了，这几天到底干了什么？真的好玩吗，还是在瞎胡闹？我为什么会来这里？为什么我会觉得自己是只蝴蝶？

我转身跟 Joshua 说，别再刺激了，安生待两天。

再出发

再后来我们就按照标准游客的做派待了三天，睡，吃，按摩，躺泳池旁边喝啤酒，看秀，也不打牌了。跟J少无话不聊，天文地理、古今中外、体育汽车，兴起时诗词夹杂着英文一块儿说。

J少显然无论从哪个角度归类都是成功的人，二十来岁就拥有令无数人羡慕的人生，却接着地气，谈吐优雅腹有诗书。不得不承认男人们在一起时嘻嘻哈哈没心没肺的样子最接近小孩子的快乐状态。报恩也报得差不多了。这趟Vegas之行太过疯狂，情节复杂，缓了好几天还是没有缓过劲，该回归正常生活了。

回LA的路上，J少突然一本正经地跟我讨论什么叫成功。我说你每天一照镜子不就知道了。他摇摇头，说钱不能买到一切，就挺羡慕我闲云野鹤般自由。最恨有钱人说这种话刺激我们。我也严肃地说道："这位朋友，你啊你，年少多金goodlooking，出名趁早keep fighting。你钱多到想干什么干什么，想干谁干谁的境界。你还有时间自由，缺的无非就是臭味相投的人一起玩新奇的事情而已。不要在我们这些挣扎在小康水平线上的平民的伤口上狂妄地撒盐哈。"

至少二十分钟尴尬的沉默。J少突然开口说他从小的梦想是当一名警察。

我也不知道怎么接话，联想到自己的状态。想了想说道："如果做成了一直想做而又没去做的事情，每天早上起床都会很开心。"

回LA后，各忙各的，我跟J少联系得不多。后来我横穿了美国，跳伞、滑雪、赛马、砍柴、打猎、找外星人……J少也不出现在朋友圈点个赞。我想这些有钱人朋友真是靠不住，肯定又随时分分钟几百万上下忙去了。

几个月后我回国开始了一段新的人生征程，合同一签八年下去。

有天，我忽然收到J少发来的一张图片。

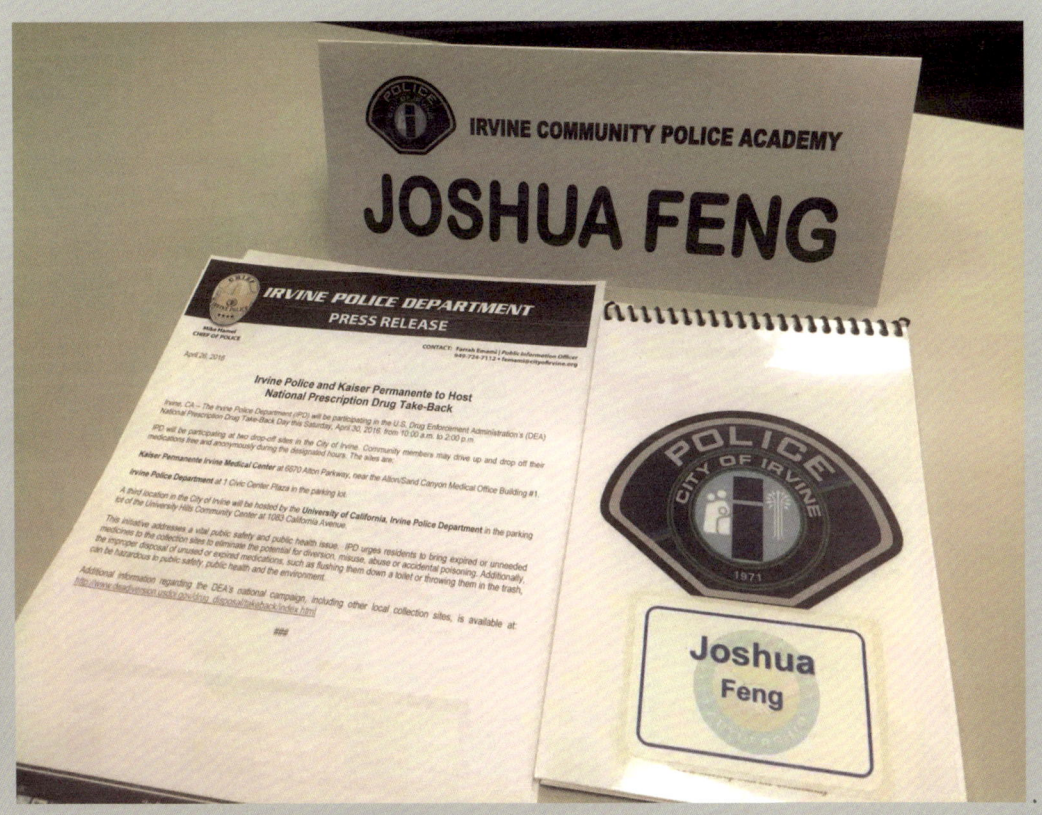

从不后悔那天跳下去救人。

我不要
一成不变的人生

不如，
横穿美国吧

第五章

不如，横穿美国吧

不如，横穿美国吧

到了美国后真是觉得自己整个人都年轻态了。整个社会呈现的是一种大包容，各种各样的生活方式都自然存在着。没有人对着满脸胡子还去上大学的大叔指指点点，没有人一本正经劝你先成家再立业，没有人打着为你好的旗号来绑架你。

你首先是你，其次才是谁。老美常说："As a grown man, you do whatever you need to do.[①]" 除了杀人放火，好像做什么都会得到鼓励。你说他伪善也好，另有所图也罢，直观感受是做不得假的。

内心强大与否不是关键，环境真的能影响人的心情。有些人口中所谓的调整心态，都只是想让你甘于平庸而已。于我而言，发现自己被当成年轻人，或者说终于弄清楚二十七八岁的自己确实就是年轻人这一点很重要。原来一切都还未晚，人生还有那么多可能性。光讨个老婆生个孩子熬日子，那种生活怎么会适合想要看世界的人？

那么，说到看世界，要不，我横穿一下美国？

[①] 句意：作为一个成年人，有必须要做的事就大胆去做好了。

反正已经接受了自己是年轻人的设定,那就仗着年轻再继续做个有趣的人吧!

突如其来的想法,干脆一鼓作气把它变成现实……想想都够让人热血澎湃。

着手启程

我点开通话记录，扫一眼名字，打了好几个电话也没有约到合适的人。还是有些沮丧，毕竟说走就走的旅行要面临的实际困难挺多的，合适的旅伴可遇不可求。

突然灵光一现又想起J小姐，翻出号码来纠结半天要不要打过去，盯着屏幕呆呆看了好一会儿，一咬牙拨了号。世界顿时都安静了几秒，那个轻盈灵动的俏皮声音再响起时我竟有些手足无措，紧张得很，舌头发僵不知该怎么开口说话才显得自然。阿弥陀佛，好在只是她预录语音信箱的前言，长吁一口气，人应该还在台湾吧，哪有那么多再续前缘。真是没长进，这么大个人，看起来打架很厉害，结果听到个语音留言都小鹿乱撞，方寸大乱。

约人真是件麻烦事儿，要不，索性一个人穿越吧，更热血。对对对，就独自穿越吧。这个热血要炸天，足够出去吹半年！看，很多决定其实是像这样一步步推着来的。

路上的一切未知像是包裹了层神秘光环。偶尔文艺一下搞个跟自己独处的长途旅行，也许真的会发现深层次不同的自己也说不定。

经过一年专业训练，我已经拿到了FAA[①]的直升机商业飞行执照加仪

[①] 词义：美国联邦航空管理局。

表等级。再往上继续打擂是考教员和仪表教员，又需要全身心投入大半年的时间。我属于享乐派，喜欢动不动就给自己放假到处跑跑，到处看看。

想想签证还有小半年才到期，想学的东西也学完了，并不着急开启一段职业生涯。把今年当间隔年的话，我还有好几个月可以晃荡晃荡。整个西海岸都体验过了，那就决定了，一个人上路，往东开，走哪儿算哪儿。

前几年挣的钱已经糟蹋得差不多了，所以这次穿越的预算比较紧张。我打算把野马卖掉做旅费，经典的美式肌肉车挂网上，分分钟电话接到烫耳朵。想到开了这么久卖出去还可以小赚一笔，心里一阵窃喜。可最终还是以底价让了一千刀，卖给一位北京小伙。

这小伙也是单枪匹马到LAH来学飞的。刚来，他一口一个哥的叫我，也不好意思赚他钱。他老问我学完飞执照到手了回国好不好找工作，工资能开多少，几年能回本之类的问题。我无从回答。

其实我觉得吧，还是得以乐趣为第一。只用趋利的心理驱动学艺的话，首先就丢了匠心。你想想看，个人能力肯定是无法抵挡大时代环境洪流的，那么在洪流上因势利导把自己当下所处阶段做好就可以了。

当然他这种着急望一眼未来的心理还是能理解的，毕竟花那么多钱学。不过际遇这种东西，总是会出现嘛。老心上心下不踏实，抱怨着没赶上好时候，于事无补还搞得自己戾气缠身，真没必要。

削尖脑袋一心想去做零风险小投入收益还大的项目，那就离上当不远了。别去信什么内幕消息，以"我有一个朋友"开头的爆料往往都转述很多遍。给家里老人也都讲讲这个道理，别贪小便宜。事出无常必有妖，哪里有百分百稳妥、稳稳当当掉钞票的好事？

咱们这些小伙子飞行员就踏实飞，手艺都还没开学，专业一问三不知，或者新司机自己都还是懵懂的，尚未给企业带来丝毫价值就大谈回报，吃相多丑。飞好了老板自然会考虑涨工资嘛，是吧？老板，你看到这段了吗？车老板？老大，我是忠臣啊！这觉悟，您看看工资是不是再给调一级？

扯远了，柳絮如烟，拍马不易。话说卖掉野马之后我还有丝不舍，毕竟是它带我纵横驰骋西海岸，在那么多美好沙滩上洗眼睛打瞌睡。好多新奇体验都是它在做载体做背景：汽车影院的夏夜、LAX 跑道旁的晚霞、信号山的凉风……

关于野马的记忆太多，上山下河，风里来雨里去，都是它陪着我。哎，念旧的性格又跑出来作祟咬人，赶紧挥挥手赶走。我有时候在这些小事情上真不够大气，情绪化晚期，不像做大事的人坚决果断从不拖泥带水。也不知道别人家一米八几的大汉有没有我这种症状。

然后我就去车行租了辆切诺基。JEEP 也是我非常着迷的一个品牌，被赋予了很多情怀。每一款车都要别出心裁取好听的名字。Cherokee 原是印第安人的部落名字，JEEP 公司在 1984 年将那款运动型多功能新车命名为"切诺基"。多年过去，车型已经有了很大变化，可"切诺基"这个传奇名字还是延续了下来。

大切与另一个同为印第安部落的阿帕奇隔空辉映，比留在博物馆当历史材料鲜活了好多。两个部落以另一种图腾符号的方式重新被整个世界铭记，这些"非物质文化"说不清道不明，总有人为之着迷不已，我就是其中之一。

在后面两个多月的漫长自驾中，我去了新墨西哥州原阿帕奇人的聚居地，还去拜访了田纳西切诺基人的大山头。不知道《刺客信条》里康纳到过那儿没。总之那两地都是宝地，后面我再细讲。

再把一些手续上的东西处理一下，跟航校各位非常好的教官告别，

NO.5 不如，横穿美国吧

持续一年的学习状态就暂时结束了。

LAH 是个好航校，从无到有，教给了我梦寐以求想学会的一门技能——开直升机。到现在为止，加上骑马、AE① 做特效、快艇、浮潜、静水皮划艇、公路自行车……我好像掌握了挺多技巧。每门都算初窥了门径，那么在这些里面选一个作为以后谋生的工作吧。

艺多不压身。学会了开直升机让我更加觉得想做的事情努力去做就都能做到。小时候觉得遥不可及的奇思妙想也许真的会一步步实现。也许真的可以去青城派学武功以气御剑杀敌千里之外呢？也许真的可以有好多好多老婆呢？也许真的能环游世界呢？

这么一说，众理想中好像环游世界成了最接地气的选项。横穿美国，完成了这个事之后再去想非洲、大洋洲，也许南北极看起来就不会那么遥远了嘛。

那天夜里躺床上翻来覆去睡不着，我仔细审视了一番自己现有的条件，发现做穿越应该说足够了。租来的切诺基算是高配版，座椅方向盘加热这些功能储备就算往天寒地冻的北方跑也不怕。总里程才一万迈，属于正好开的时候，车况不会有什么大问题。再加上美帝公路系统声名在外，活用定速巡航能省力不少。随车还附定位系统，加上手机地图双保险，不怕走丢。体力什么的更完全不在话下，近两年每周都是四五次足量锻炼。除过一次运动过量尿血了之外，身体状况一直顶呱呱，就是跟人干架都不怕。

在美帝也算是有挺多公路旅行的经验了，心理准备上是可以的。至于路书、旅行计划嘛，还是按我的一贯作风走哪儿算哪儿，先上路再说吧。这么热血的事情，就是得一鼓作气，否则再而衰，三而竭。一旦继续无休止细化思考，就必定千头万绪没了乐趣，趁热有动力，走！

---

① 词义：一款图形视频处理软件。

Hit the road

说走就走！凌晨四点多，我实在是毫无睡意，于是毅然起身开始这趟旅行。拢共一箱家当，扔进后备厢就算准备妥了。坐进驾驶座把门一关愈加兴奋。

Jin 他们还在熟睡，整个城市都在熟睡。草丛里偶尔几声虫鸣，迭戈家院子里的自动洒水器在嘟嘟嘟兀自喷水……

我举目四顾无别可告，又仔细想了想确实在这儿都没什么牵挂了。心脏怦怦跳，期待得很，那就出发吧！

先往圣地亚哥开，给1号公路一个最后重温，算是作别加州。然后沿着国境线走，那边有几个国家公园，然后去我最向往的德州住上十天半个月！然后……

管它什么然后，就随心所欲走吧。反正有时间，一定会遇到许多好玩的事。

沿南雷东多杀上1号公路。这上道前十来分钟的小路，太熟悉了。此路面朝浩瀚的太平洋，背靠落基山脉，蜿蜒起伏，倨傲雄伟。一面是惊涛拍岸，风帆点点，一面又是悬崖绝壁，群峦叠翠，所以人们又叫它PCH①……如果你只有一周时间在美国自驾的话，那你全部用来开加州1号公路吧！不漂亮你回来打我。

上了PCH跑七八分钟就到了赛尔镇，开进常去的那家加油站，买杯咖啡作为旅行的启动仪式。从加油站出来拐上1号公路往圣地亚哥开。

圣地亚哥是个和洛杉矶齐名的漂亮城市，城边是海，海里还有城，漂亮得很。离长滩只有两个多小时，之前跟杭乖乖说过好多次带她去却终究未能成行。说来也怪，后面真正枪毙我们感情的那通决绝电话，她正是从圣地亚哥打给我的。温柔如她竟然也会说出那么狠心的话，感情这东西……

赶紧甩一甩头把这些儿女情长晃到边儿上去，漫长的孤独旅途才刚启程怎么就开始英雄气短？关注外面的风景就好了，你可是要环游世界的男人啊。

车外还是很安静的。远方已经开始泛起鱼肚白，因为比较早，这一

① 词义：Pacific coast highway，太平洋海岸高速公路。

路都很少车,后视镜里熟悉的街道路灯在飞快地倒退。我知道自己会不断地向前走,又瞥了一眼,镜中的画面也许正在跟我道别吧。此去一别经年,我不在此地时,良辰美景趣事还会有人去看吗?

继续往前走,开着开着,一轮红彤彤的太阳从深处海面跳将出来,美到必须要一直注视。我找了个绝美的视角靠边停下,静静地看天色变亮。

海风渐小,一群群海鸟沿着海岸线穿插着飞。路上的车子开始多起来,不知道他们是去上班还是像我一样闲散的游人。海滩上也多出了许多跑

步的人。我端着咖啡,看着清晨的黄金海岸,心情大好,一切都太美好!眼睁睁看着这条海岸苏醒,一点点加入活力,怎能让人不热爱生活?

日上三竿,呆也发够了,导航导到圣地亚哥市中心。终于还是来到了这个地方,没洛杉矶那么多高楼大厦,但整个城市要干净一个度。

城市本身就是一个杀入太平洋的巨大的新月湾,经过跨海大桥时又被震撼到。正是海风轻轻吹海浪轻轻摇,停下的军舰远航就要起锚。一眼看到远处那艘庞大的"中途岛号"航母停在那里。霸!气!外!露!

啧啧啧,Queen Marry①、泰坦尼克之类,在它面前都是小学生。现在它是一个巨大的博物馆,世界各地前来一睹其芳容的人们摩肩接踵。那个著名的战后水兵上岸揽腰忘情亲吻小护士的经典大雕像就矗立在岸边。

蓝天白云下,这艘威名远播曾经贵为美国海军标志、首舰级别的航母,现在就这样安静地站在这儿,一动不动。我怀着激动的心情登舰参观,航母,航空母舰!"中途岛号"啊乖乖!

美国博物馆去了那么多,已经不是轻易能被震撼到了。可"中途岛号"怎能一样。它下水晚了一点无缘参加二战。可全舰近三千名官兵,百余架舰载机,参加大小战斗无数。退役时,它获美国总统集体嘉奖励表,并获五枚战斗之星,更获海军嘉奖励表无数!

航空母舰英文很直白叫 Aircraft Carrier。甲板上各式战斗机,沿着两条带弧度往上翘的跑道直冲云霄。将军不语,不怒自威。那股肃杀之气,纵然时过境迁,旌旗猎猎随海风招展,震撼仍不减当年。

我心怀激动,满是敬畏地挂着讲解器挨个把一架架满是辉煌历史的飞机看遍。它们都曾千锤百炼独当一面杀敌无数啊!

---

①词义:玛丽皇后号。

NO.5　不如，横穿美国吧

甲板上有个大炮楼是整艘航母的大脑。航行输入、火力控制全在这儿。顶楼是飞行指挥中心，一位须发皆白的帅气老头在做NPC[①]。他告诉我们这个房间里的人都站着工作。这里有且只有两把椅子，一把"Air Boss[②]"，另一把"Mini Boss[③]"。他俩负责一百多架飞行器的调配指挥！哪架飞机在哪儿跟谁打架，在炸谁，俩boss随时心中有数。调谁出去干架，谁回家加油，都他俩说了算。高峰期时，每分钟都有数个起落架次，每架可都是荷枪实弹，可以屠掉一个城市的毁灭者。这个指挥工作容不得一丁点错误，太烧脑，叫一声Air Boss，当之无愧。

老头儿说："我们是老兵。"从进大门开始见到的各位老爷爷都是老兵，他们分布在战舰各个口上。他们中有当初的飞行员、领航员，有火炮操作手，有工程师，有通信兵……此时此刻在我们面前这位，是一位上尉，战时在一艘补给舰上工作，为"中途岛号"提供补给。他指了指下面甲板，问我们看到下面那个丑鬼了吗，被一圈人围住那个胖墩儿老爷爷。他说是他哥哥，在给大家讲F18怎么在甲板上落地，他说在风浪中移动的航母上着陆可不是件简单的事。

他说他哥是汤姆·克鲁斯电影《壮志凌云》的原型。每天都有好多游客围着他，听他讲开F18的故事……我听得热泪盈眶。有幸亲眼见到活着的传奇，这些都是怎样的人物啊！可以想象一下，这些老爷子早晨起床，认真地熨烫衬衫，一丝不苟对镜整理，像上班一样认真对待这个"志愿者"工作。虽然廉颇老矣，可一个个还如此真实、阳光。怎能不让人心生敬畏？

他们曾经是战场英雄，光环落幕后没有瘫痪在床吃政府救济，没有创伤后遗症觉得世界不公平。他们把头发梳得整整齐齐，开肌肉车，跟

[①]词义：游戏术语，指非玩家角色。
[②]短语的意思是：总控。
[③]短语的意思是：二把手。

世界各地的游客插科打诨逗趣,在这艘传奇航母上继续用经历向我们传播着带有厚重感的历史和知识。这帮老头子真是大写的正能量。他们用自己的言行让我感受到,这次登舰的意义远远大于参观。真是要对这帮可爱的老头儿们说一声谢谢。

下一站去哪里我还没有想好。加州的阳光到下午了还这么刺眼,两个小时内,今天的夕阳就会在我的后视镜里降下去。而我,将在未来两个月内,一路向东,去发现在等待我的未知。航母带来的心绪余波还在荡漾,现在已经在美国墨西哥边境线上了,要不,去墨西哥看看?

Phoenix 一夜

没去墨西哥。拜好莱坞大片所赐,连我都觉得单闯墨西哥不太安全。把谷歌地图打开,发现加州旁边就是亚利桑那州的首府 Phoenix[①]。以前纳什、斯塔德迈尔都在那里打球,好,那就往那儿开吧。

就着加州余晖,开始往太阳城走。美帝高速真不是盖的,路况好还不要钱。车流速度都快,你开慢了反而不好意思,确实是有驾驶乐趣。这路开起来很爽,不累人。

又开了个把小时肚子咕咕叫,油箱也差不多见了底,随便找个口子下道加油吃东西。我坐在老派汉堡 Wendy's 店里边翻看下午在"中途岛号"上照的照片,边调戏剩下的几根薯条,呵呵直乐,别说老美的各种薯条真挺好吃。

穿越旅行第一天是满意的,心理活动有些多,不过也算得上丰富多彩。看看窗外天已经黑透,我完全不知道自己在哪儿。

谷歌地图说离 Phoenix 还有两小时车程。心脏又开始怦怦跳,还不知道今晚在哪儿落脚,有一些没底。不过正如高晓松老师说的,这一丝

[①]词义:凤凰城菲尼克斯。

慌张就是青春嘛。

下了几个订住宿的应用随缘找Phoenix附近的汽车旅馆，图便宜。选来选去觉得头大麻烦得很。住一晚也是要七八十刀的。手机上那些选项基本都是这个价，可能跟没提前订有关。懒得深究，先选一家过去住下吧，还得开两小时才到地方。

大概晚上十一点才到住处。我到汽车旅馆把车停好，把细软什么的收了一下，开车门下来，脚沾地那一瞬间我就懵逼了。大厅门外走廊里至少七八个看起来本应很强壮却因为抽大烟把自己搞得很瘦弱的那种黑人，用一种"这怎么来了个黄皮肤老外"的眼神紧盯着我。那眼神传递了好多东西但绝对不包含友好，看得人心里发毛。

我硬着头皮把车门一关继续往前走，还好哥也是看过很多美剧的人，一般没有怕的！现在想起来，我当时脑子绝对是处于不清醒状态，都不知道哪里借来的胆子，在与他们眼神交汇我又不得不继续往前走的那段距离，我故意走成略带嚣张一摇一晃的范儿。

与他们擦肩而过正面相逢那一刹那，我鬼使神差地把左拳举了起来……他们一一跟我碰了个拳！我的天哪，本来应该在那边吓尿不敢过来的我，现在在跟他们碰拳头……最神奇的就是，碰过拳头之后，黑人们莫名其妙给了种认同感，点了点头，瞬间恢复了三三两两互相说话而不是统一停下动作都把我瞪着的状态。

我继续一摇一晃迈着夸张步子进门去前台办手续，老板却用看二流子的眼神看着我……

很快登记手续办好，拿钥匙上楼。大多汽车旅馆楼梯都在楼外。这意味着我还得跟那七八个大烟鬼黑人哥们儿再次交手。

没在怕的，我整了整湖人队的夹克，深呼吸了几口，继续一摇一摆往外走。行走江湖这么多年，跟陌生人 PK 眼神接触就是一个真诚自信就好了，要不得那种一有接触立马弹开看别处的游离眼神，那最为暴露心里的胆怯。

咱们 1949 年就站起来了，怕他们干吗。经过刚才碰拳头，他们的眼神已经柔和许多了。有几个站位靠后的人很明显还在聊我，能看出来他们对半夜突然造访的黄种人还是有敌意的。我挑了两个比较像带头大哥的人对视，边走边故作轻松瘪了瘪嘴角算打招呼。这一招很妙，瞬间显得我经常出入午夜街头，这种场面早已见惯似的。带头大哥也不动声色地微微点了点头。

继续保持对视一会儿，又到了擦肩而过的环节。我竭尽全力去轻描淡写说了句："What's up?①"。七八个黑人又切换到了管你是谁，反正我们就是要一起盯你直到你心里发毛的眼神。我又嘟囔了句："Excuse me guys.②"就算过去了。继续往前走，每一步都像是慢动作，心里那个煎熬啊，又不可能拔腿就跑……

"Hey yo.③"背后一个声音响起。那一刻我的内心世界炸了！终于还是不能简单轻松地通过这个走廊，是吗？转头那零点零几秒大脑都快烧掉了，排演了无数种接下来的情节走向，甚至还有李小龙被围攻的那场打斗戏……

"Nice jacket, man.④"带头大哥酷酷地说道。不过他的脸上有些微笑，应该不是找茬的。

我长舒一口气，比了个剪刀手，横过来表示很酷的意思。嘴里也说

---

① 句意：近来如何？
② 句意：麻烦，借过。
③ 句意：你等一下。
④ 句意：哥们，夹克不错。

道:"Thanks, man."

继续上楼,进房间把门一反锁,把行李一丢。吓死我了,腿都在抖。半夜这一关过得真是惊心动魄!冷汗涔涔直冒,这才第一天呢,有意思!

我不要
一成不变的人生

新墨西哥

绝命毒师

第六章

新墨西哥绝命毒师

Albuquerque，寻找"绝命毒师"

亚利桑那州旁边就是新墨西哥州，简称 NM。Albuquerque 是新墨西哥州中部的大城市，从凤凰城开去 Albuquerque，导航说只需要四个半小时。于是我十分悠闲地在凤凰城里闲逛到中午才出发。半道上感觉时间不对：手表指向下午两点，手机却显示已经四点了。这才想起来美国把自己的国家分成了四个时区，还兴夏令冬令。开着开着一点征兆没有，蒸发了俩小时，找谁讲理去？

我用 Airbnb① 在 Albuquerque 找了一家民宿，订了两天。到地方的时候，已是晚上九点，距离跟房东约定的时间足足晚了四个小时。房东说等不到我，他要跟朋友出去玩儿，也不知道什么回来，就留了一把钥匙在院中某个带密码锁的盒子里，让我自己进屋。

一开门，我惊呆了，这完完全全就是别墅啊：大落地窗户、大壁炉、游泳池……我在网上一共就付了三十刀啊，这样漂亮豪华的别墅才十五刀一晚，两包万宝路烟都不止十五刀啊！第一次住 Airbnb，又打开一个

---

①词义：爱彼迎，旅行房屋租赁网站。

新世界的大门。

Albuquerque是一个热气球爱好者集中地，与土耳其的卡帕多奇亚和缅甸的蒲甘并列为三大热气球旅游胜地。每年十月这里都会举办盛大的热气球升空集会，可惜我没赶上，不过不要紧！这个地方声名赫赫还有一个原因：《绝命毒师》是在这里拍摄的！

最初开始追美剧还是刚进大学那会儿。《越狱》《迷失》《行尸走肉》《斯巴达克斯》《24小时》《生活大爆炸》《绝命毒师》……在重庆无数个孤枕难眠的夜，大家都以为我在当花花公子喝花酒，我却因为懒而一个人宅在家里追这些美剧。其实好多美剧都是制作精良、笑料不断的，而且多少还能学点儿口语，既悦目又练耳，也算是对得起那些深宅在家的夜了。关于美剧，我想每个人心中都有自己的排名吧，在我的心中，《绝命毒师》排在第二位，当时看的时候，着实为剧中人的命运走向捏了把汗！

第一位是《摩登家庭》，每集都是和前女友窝在沙发上一起笑着看的。我会学Gloria叫她儿子的口音，总逗得杭乖乖咯咯咯笑。后来分手几乎断了联系，一年半载偶尔发个问候都要用新一集《摩登家庭》里的段子开头。

第二天一早我吃过早饭，在网上搜到很多帮助找到剧中场景的攻略，异常详细，图文并茂。我挑着把马蜂窝似的一篇帖子打印出来，到底还是中文看起来更顺畅，优哉游哉去寻觅老白的点点滴滴。

我去了剧中老白洗钱的洗车场、去了小粉和他女朋友住的那个汽车旅馆、去了炸鸡男的快餐店、去了老白家。我到的时候现实中的女房主端了杯咖啡在车库外喝，老远看见"私人财产"的牌子，就没好意思往近了靠。据说最火的时候，她家门前一天陆续来了二百多辆车。想必耐性再好的人也会被常年来访的人们弄烦吧。于是我便结束了寻剧之举。

其实这种寻找挺好玩的，试试在纽约找到复仇者联盟打外星人的中央车站，在洛杉矶找到施瓦辛格骑摩托被另一个终结者追的河道，或者去香港找尖沙咀重案组，去宁夏找周星驰和紫霞仙子夕阳下相拥的城墙……熟悉的布景真的会让你产生一种幸福感，很神奇。

偶然相逢

吃过晚饭，溜达回住处已经八点多了。一进门，看到厨房小吧台位置坐了两位姐姐级资深美女在喝香槟聊天。原来她俩也是租客。大家来自五湖四海，相聚在这里纯属偶然，两杯香槟下去更加熟络。

旅途中遇到的人就是这样神奇，也许你们一辈子不会再见面，但是当下的遇见是要跨越千山万水，经历好多离奇的巧合才会碰头。如果我没有下这个软件，如果她们下午决定坚持多开半小时，那晚都不会发生愉快的交谈。

这两位资深美女，一位是英国淑女Annie，一位是混好莱坞的Jane，两位可能都是四十出头，可给人的感觉还是很漂亮。自信不拘谨的女生会让人自然轻松下来，天南海北到处聊。

我跟她们讲二孩政策，讲我们中国这些年蒸蒸日上。Annie讲伦敦并不是天天下雨的，但好多人都会带把伞。Jane讲她年轻时跟一位好朋友去NM那个外星人飞船失事的小镇上探险，讲她曾在成龙的《尖峰时刻》里客串过两个角色。

她们说独自一人横跨一个国家还是需要勇气的，毕竟再好的风景也会有审美疲劳的时候，而独自一人长途旅行的那种孤独只能是有勇气的人才能毫不在意，和自己成功独处。我深以为然。

其实在漫长的旅途中，语言障碍、身体疲倦、行程变化，甚至钱不够都不是阻碍你继续下去的最大困难。有时候，一种莫名袭来的孤独感最可怕。我跟自己独处的秘诀是假装自己是个很重要的人，假装必须要完成一件事情才能拯救世界。有时候跑步累了想歇一歇我也跟自己说，如果上帝现在在眼前显灵，说再坚持一会儿就可以和梦中情人再续一段缘分，自己就哼哧哼哧坚持下来了。

我对她们说旅途中每一个意外的惊喜都让我着迷，每一个生命中根本没有理由遇见的人，出现，交谈，挥手再见，都有一种好神奇的魔力，让我觉得擦肩而过的路人的微笑都来之不易。

我们仨就这样喝着香槟，愉快地聊着天儿。明天她们要结伴开车到LA。Annie 要回英国跟人谈出版诗集的事，Jane 要和剧组碰头去西藏拍一部纪录片。我以前老去拉萨，以为自己是行家，谁知道 Jane 对西藏的历史和趣事更是如数家珍，连 1951 年志愿军解放西藏她都清楚知道。

聊到深夜，一瓶香槟见底大家才各自回房间休息。拍了一张合影，可惜糊掉了。跟 Jane 自拍了一张，把她拍得没有真人十分之一好看。Jane 爱笑，一笑皱纹就堆出来也不在意。真是奇怪，一个演员照相不用美白磨皮滤镜，就是咧嘴笑一口大白牙。我看她发我俩合照的 Instagram 好多人点赞。

第二天我走得早，就不去道别什么的了。一期一会，既然这辈子只见对方一次，那么就把昨晚轻松愉快聊天的大家留在记忆里吧。多年后，偶尔的时空一闪，会不会让我们想起那晚聊天的片段？谁知道呢。

阿帕奇候鸟

NM 跟加州一样，一年有三百多天艳阳高照。冬天的清晨天刚蒙蒙亮，夜色还没有完全退去，宁静深远。我早早地起床，煮了两杯咖啡，叼了个三明治就匆匆出门上车赶往一个观鸟圣地，那里是一个野生动物保护区——阿帕奇湿地野生动物保护区。

Bosque del Apache，印第安语，维基百科上直译为 forest of Apache。Apache 即阿帕奇，相传是印第安人的战神，代表着勇敢和胜利。阿帕奇族则是一个广泛的部落概念。他们散居于美墨边境，族人说着七种不同的语言，骁勇善战且战无不胜。他们在印第安历史上以剽悍著称。

当年欧洲来的殖民者大批登陆美洲，与原住民冲突不断。双方都咬着牙恨不得将对方的头割下来，真是尸横遍野，血流成河。墨西哥从西班牙独立出来以后，政府甚至鼓励大家当"赏金猎手"，以阿帕奇族人的头皮换取丰厚的奖励。

然而洋枪火炮并没有像想象中一样砍瓜切菜般征服冷兵器时代最后的守护者。抗争持续百余年，无数个传奇勇士的故事像夜空中闪耀的星辰，最终还是无可避免地淹没在时代的滚滚洪流中，斑斑血泪只换来三个字——俱往矣。

有人说这是先进文明替代落后文明必然发生的流血冲突,有人大笔一挥说这是螳臂当车、不识时务。也许是吧,可是荒原里那些累累白骨都曾是自由奔跑的少年。把图腾刻在脸上去战斗的部族勇士虽已化作尘土,可多年后,他们的名字传承给了当今世界最强的武装直升机——阿帕奇。

除了阿帕奇,还有一个印第安人部落的名字家喻户晓——切诺基。那是另一个传奇故事,我也去造访了,留到后面去讲。

一个小时眨眼就到站,保护区大门立在眼前了。赶上不知道什么节日,门票也不要,兀自开车进去。这保护区忒大,湿地、湖泊、树林、芦苇荡应有尽有。路标说有两圈环道,不用下车一直往前开着就行。车在保护区里穿行,倒应了那句讲桂林的人在画中游。

没开一会儿,就有一个大鸟群聚居区。鸟儿们或栖于林或浮于水。十几只翼展一人多的老鹰霸气侧漏,机动俯冲玩个遍。还有类似仙鹤的一家老小像在打太极拳晨练。大雁抻长了脖子组队追阳光,队伍一会儿排成个S,一会儿排成个B。麻雀就别提啦,一窝蜂东一趟西一趟不亦乐乎。

对了,大门口写着现在这个季节有几百万只水鸟在这里。这么多的水鸟在一个湖面上吵闹,真像是闯进了养鸭场,那酸爽,谁看谁知道。

不断重复上车行下车停,一个多小时过去,环道转了一圈,脑子里记住了最大几个湖的位置。再来一圈,停下来慢慢看。

顺着小道沿着湖再散散步溜达一圈。哟喂,波光粼粼,把已经变成金黄色的阳光荡漾起来。早晨还有些微风,吹得人倍儿精神。也不晓得是吹冷了,还是眼前的画面太美,惊出一身鸡皮疙瘩。

往深处走更是别有洞天。他们在湖中间也修一个栈道,可以顺着栈道走到一群湖心白天鹅之间。它们也不怕人。高高的芦苇丛里也有栈道,人在其中好像整个世界都被隔离掉了。

远处还有各种徒步路线。我走到密林背后一处小山丘，上有一个牌子写着："如果在此地遇见狮子，唯一的处理办法——认了！"也不知是在开玩笑还是真的。再走几步又有个牌子说遇到眼镜王蛇怎么办："跑！"都是些没正形的标牌啊！本着中国人宁可信其有的保守精神，我立马掉头往回走。

白天鹅一家也起飞了，迎着朝阳向远处飞去，优雅得一塌糊涂。不知该怎么去准确描述整个画面，反正就是美美美！我要是摄影师就好了，一张照片顶一万字。

Roswell 荒原里的外星人

在保护区里待了一上午,各式各样的鸟儿看遍了。生活在这儿的鸟真是幸福,这么美的环境让它们住,也没有人把它们当成野味,自由自在,想怎么飞就怎么飞,一不小心还上了国家地理杂志……

手机掏出来一查,拥有白色沙子的沙漠在东南边,大概三百公里远,去看完导弹玩沙子可以玩到日落,然后杀向一个叫 El Paso[①] 的边境小城住一晚,就算进了德克萨斯地盘,可以去找牧场当牛仔了。听上去是一个完美的计划,那就愉快地决定了吧。

等一下。刚才手机上地图划过的时候出现了一个熟悉的地名——Roswell[②]。这不就是昨晚 Jane 说的当年外星人来地球把飞碟摔那儿的地方吗?她还说她和朋友以前在那里探险,热气腾腾的沙漠公路好像真的有外星人幻影……

经过 0.01 秒的思考我决定忘记所谓的计划,我要去看外星人。善变就善变,我是快乐的单身汉,想做什么就做什么!哈哈。说走就走,导

---

① 词义:埃尔帕索。
② 词义:罗斯维尔。

航直接定到Roswell的UFO博物馆。也是三百来公里，顶天三个小时就可以去到这个全世界飞碟爱好者视为圣地的罗斯维尔了。

又是一阵开心，可惜沿途风景没有保护区那么美，像极了《绝命毒师》里他们开个休闲车在无人区做蓝色冰晶的场景。偶尔看到几棵仙人掌，也不知道它们靠什么水生活，沙漠加戈壁的组合证明这路确实人迹罕至。每遇到一个加油站我都停下来把油补满，毕竟是去看外星人，万一打起来，逃命跑路时没油了，那可要笑死外星人。

仔细想想我跟罗斯维尔还是有缘分的。我在加州的住处就是2301 Roswell Long Beach CA 90817。电脑上装Google Earth的朋友你输入这个地址看看，车库旁边有颗柠檬树，Ralph每天傍晚都在树下弹琴唱歌。

加州早年间是个大农场，种果树的、种菜的，一大片一大片，所以才会有个县直接叫"Orange County"，给街道命名也都是水果"Cherry Ave""Pine Ave""Berry Ave"。我之前还以为Roswell是种玫瑰收成好的意思呢，根本没把这名字和大名鼎鼎的罗斯维尔联系起来。我小时候没什么零花钱，难得的几块钱都会用来买《飞碟探索》和《科幻世界》。罗斯维尔在科幻世界的地位就像是拉萨在藏传佛教里的地位一样。

无奈之前没做什么功课，现在也不可能把车停下来查谷歌补背景故事。唉，不如给Ralph打个电话吧，不知道那个老家伙最近过得怎么样，也许他知道一些UFO的故事呢。

Ralph很高兴接到我的电话，笑声还是那么爽朗，他常年吸烟导致呼吸节奏被打乱，长长的喘息音也随着电话信号清晰传过来，通过蓝牙连到车载音响里，听起来像极了电影里的大反派，也为我完全听明白增加了一点困难。他问我旅行进行得怎么样，我说到现在我还是一个人，电影里都是骗人的，美国酒吧里的妹子们根本不随便乱来。他又在那儿笑，问我现在在哪儿，我说在新墨西哥州。

R: "You got to go and see the aliens in Roswell man.①"

I: "Guess what? I am on my way heading to that UFO Museum.②"

R: "Nice, if someone knock you out then put a light on you lightly, don't go with them.③"

I: "Sure, I won't, and I will give them your number! U know any interesting story about Roswell?④"

后面的对话我要用文学语言加工了,你就当 Ralph 突然学会了说普通话吧。

R:"罗斯维尔,你都不知道,你是傻子吗?"

I:"马上喊人打你,信不信?"

R:"以前那儿坠毁过几架飞碟,他们说每个飞碟上有三个外星人飞行员小矮人。"

I:"哄孩子玩哪?他们都开飞碟了,怎么还说坠毁就坠毁。"

R:"爱信不信。当时世界大战,说是可能部署导弹啊架设卫星之类干扰了飞碟,它就摔了。一个当地农场主把残片交给了警察。当时报纸吵得很厉害,军方封锁了坠毁现场。"

I:"这么说真的有飞碟在那儿啊!"

R:"离奇的是没过几天,军方里有一个人又在报纸上辟谣说摔下来

---

①句意:你得去罗斯维尔看看外星人。
②句意:你猜怎么着?我现在正在去 UFO 博物馆的路上。
③句意:很好,如果有人把你打昏,还往你身上轻轻地打光,不要和他们一起走。
④句意:我当然不会,我会把你的电话号码给他们!你还知道关于罗斯维尔的什么趣事吗?

的是一个测气象的热气球残骸。他这么一说，人们更坚定那是飞碟了，哈哈。"

I："怎么凡是官方辟谣的几乎就可以确定是真的了？"

R："这还没完呢。过了十几年，又有人公布了一段录像，一群白大褂科学家在解剖那个摔在 Roswell 的外星人。"

I："解剖啊？万一人家的家里人找上门来找我们算账怎么办？"

R："打他们啊！你没看过电影《独立日》啊，威尔·史密斯打得他们满地找牙。"

I："干吗非要打，就不能搁置争议、共同开发吗？那你去过 Roswell 没？看到飞碟了吗？"

R："你自己去探索吧，我二十几岁的时候跟朋友揣一百美元就敢出去流浪。Roswell 那会儿神秘着呢，年轻人必须要去，跟外星人交上朋友就不用打仗了。"

I："所以我应该相信外星人真的存在咯？"

R："我七十多岁，我相信，我自豪。"

I："怪不得大家都说你们美国人幼稚。"

R："谁在乎他们怎么说，探索发现你自己的外星人吧！注意驾驶安全。"

撂下 Ralph 的电话，心里久久不能平静，内心一个声音一直在回荡：以后买车还是尽量买顶配的，这通话质量，这音响效果！要是高考听力有这么好的音响，搞不好还可以多得两分。

好多老美就是这样，不管你做看起来多幼稚奇怪的事情，更多的人都是鼓励你想到就去做，甚至一些疯狂的蠢事也鼓励。你是你，是独立的你，说话间有一份尊重做前提，而不是为了说教。

倒是我们平时周围所谓的亲友，哪怕自己过得再平庸也要站在一个制高点语重心长地指点你的人生：玩心不能那么大，不能老是飘在空中要接地气……关键亲友的出发点往往还真是好的。哎，这样一杆为你好、劝你也要成为一个平庸的人的大旗，该怎么去应对？我也不晓得怎么去协调平衡。

有时候我早上醒来好开心，觉得世界好神奇，我好年轻，我要去旅行，我要开天辟地！迷迷糊糊摸到手机打开微信，关心你的亲戚一口一个："唉，你快三十岁了，怎么还不娶媳妇生娃，眼光不要太高。"这跟内心强不强大根本没关系，定然是会受影响的，总不能把别人的关心当驴肝肺，只好笑嘻嘻说快了快了。

试想一下，如果我们村儿里的人知道我一个快三十岁的人在地球另一端开车几百公里去找外星人……

管它呢，几百公里荒原一穿而过，一路疾驰，到了罗斯维尔。这里是名副其实的小镇，比66号公路上的小镇还要小些，外星元素随处可见，各色店面的装饰主题都是毫无美感的灰色外星大眼裸体小矮人。镇上有个挺大的停车场没人停车，旁边立了个大牌子——"UFO Only[①]"，太会玩了。

我直奔UFO博物馆，距离闭馆还有不到一个小时。售票的大叔懒洋洋地埋头整理票子，不像大多数美帝工作人员都会跟你扯两句闲篇。博物馆不大，只有我一个参观者，安静到过分神秘了。想起大叔递给我票的时候表情隐约有那么一丝似笑非笑，没走几步汗毛都给我惊竖起来。

---

①短语的意思是：只允许不明飞行物停车。

博物馆里是分区陈列的，里面搞了很多假外星人模型拼在那里。博物馆里有"还原"当时解剖外星人的场景，图文并茂地详细记录了1947年"罗斯维尔"事件始末。据老报纸上的各方说法和评论家的臆测，他们把这里和内华达州的"51"区联系在一起，断定这两个地方就是美国政府背着我们大家搞黑科研的秘密据点。摆事实讲道理列数据，说服人的几大要素都有了，简直没有理由怀疑。

走过几步，风格又一转，呼吁大家不要相信街上那些人说的哪儿哪儿又发现外星人。博物馆甚至专门开辟了个区，用来展示列举那些UFO照片造假的种种手法。静谧的环境让我警惕起来，会不会是故弄玄虚？如果外星人真的摔这儿了，那么他们现在在哪里？

很快就到了闭馆的时间，根本没有过足瘾，大大小小去过那么多博物馆，只有这个简陋的科幻展览，让我连墙上的小句子都舍不得放过，逐字逐句去推敲。可终究忌惮票务大叔悄无声息出现在我身后，再给吓出病来，快到闭馆时间了，我还是主动出去吧。

这一圈小博物馆转下来，内心那个天人交战的，汗都快沁出来了，赶紧找家旅店住下恢复恢复心情。

到旅馆网线一接上，马不停蹄用谷歌搜一下，一查吓一跳，关于罗斯维尔的美剧出了三季，电影数部，小报消息无数，甚至有博士的大部头论述著作，还有探险家的笔记、退休官员的回忆录、FBI解禁的文件……参考资料庞杂到令人惊诧的地步。

人们在网上也争吵不休：阴谋论者旗帜鲜明地指出有知情权，抱怨美国政府为不制造恐慌而掩盖真相；理性思考者却冷冰冰围观；UFO爱好者一厢情愿，添油加醋，听风就是雨。

人们总是只愿意相信自己愿意相信的那一部分事情。几十年过去了，外星人事件还是没有定论，真相到底怎么样，也许只有一小部分人知道。我闷坐在房间里从一个网页跳到另一个网页，网上有无数个联盟团体学会都在试图去破解，他们都有自己的一套理论。

几个小时过去了，紧盯着电脑屏幕的眼睛有些发酸了，内心的谜团却越来越大：到底是外星文明近在咫尺，还是根本就是被无聊之人的弥天大谎哄得团团转？

出去透透气，顺便吃点东西。沙漠中的小镇晚上凉飕飕的，星星、月亮一股脑儿都冒出来，与远处起伏的山地曲线相接，形成一个巨幅的星象仪。荒原更显静谧。街道上的路灯也被人们装扮成外星人造型，在地上投下长长的影子。

我随便找了家酒吧，要了些吃的和啤酒。酒吧里生意少得可怜。我坐在窗边看外面像科幻世界般的背景板，上帝您可真用心，把布景搞得这么宏伟又细致！手里的小瓶冰啤酒喝起来总是那么爽口，也不知道自己在想什么，一低头便与啤酒瓶上的外星人头像四目相对……

第二天一早便动身离开，准备去白沙国家公园，此地待着有种真想一探到底的冲动，赶紧扼杀之，不能跑太偏了。

新墨西哥州的白沙世界

得把外星人的事情放一放了，太烧脑，按原计划去白沙国家公园。那是一个沙漠，但沙子是纯白的。以前在网上看到过几张照片，跟南美那个天空之境并列，美得不像在人间。

三个小时的车程，路上还是没什么车。外面的风景已经很熟悉了，太阳高高挂起普照大地，荒原上长时间的广袤安静更加衬出蓝天的深邃。

NM 是美国第四大州，总人口二百万。我国省会城市的人口基本上都是超过二百万的。你可以想象一下这个州得地广人稀成啥样啊。NM 的白沙国家公园（White Sands National Monument）和白沙导弹基地（White Sands Missile Range）相隔不远，半小时左右的车程。

我先去的导弹基地。美军也真是有实力够自信，像这样的军事基地居然向公众开放，咱作为社会主义老外还能免费参观，来去自如。知道这个地方是因为《变形金刚2》，汽车人跟霸天虎决战时导弹横飞火花四溅的那个壮观场面，就是在这里拍摄完成的。彼时我刚大学毕业，背着铺盖卷去重庆上班。报纸上说《变形金刚》的拍摄是得到了五角大楼大力支持的，为了鼓励更多的人当兵才让其在白沙导弹基地拍摄。怎么也想不到，几年后我竟然到了这个地方。

博物馆门前有个导弹园，展示了不同时期的代表性导弹，再往里走可能就是他们真正搞卫星发射和研制导弹的地方，可不让进了。我在博物馆里走走停停，没有了在外星人博物馆里逐字逐句看介绍的热情，不过人家大写黑体还加粗的字无法忽略。这里就是1945年第一颗原子弹试爆成功的地方，被称为美军导弹摇篮，现在主要承担探空火箭发射、航天飞机备降场的职能……

博物馆转一圈又回到导弹园，从"红色警戒"里的V2火箭，到原子弹弹体，数十种导弹或卧或立，以肃杀姿态展示着进入核武时代的人类武器构型。烈日灼耀，NM的天空还是那么蓝，远山不语，想想还是希望世界和平吧！真要打起来，地球都能给干爆了！

从导弹基地出来直奔国家公园。沙子真是纯白色的！瞬间被惊艳到了！那个美简直难以形容！

入口处依然是游客中心，可以领一些地图、露营活动安排、不同的路线时间等等。我独来独往的自是不必做太多计划，跟工作人员打听好一些注意事项，拿了地图就往深处开。真是美哭，好想打电话给每一任前女友，看吧，谁叫你们跟我分手，这么美的地方，只好我一个人来。

直接放几张照片吧，你自己说美不美！

这么大个沙漠，也没人管你怎么玩。我在那儿搔首弄姿地背个包摆造型自拍。偶尔开过一辆进沙漠的车，车里的人看我在路边以为要搭车，还停下来问我要不要搭一程。我只好傻傻地摆手跟人表示感谢，然后装作漫不经心四下看风景。所以说啊，有时候你看一张很有意境的照片，指不定背后还有更丰富的故事。

我在看不到边的沙漠里撒泼打滚，人体能摆的造型都摆完了，渐渐感觉到有些累，便把车开到一个僻静处，拿出买好的蔬菜沙拉和饮料，爬上车顶边吃饭边接着摆造型，太享受了！

沙漠里的太阳像一把火，空气被烤得有些热。目力所及的范围全都是白茫茫的沙，纯净到让人不敢相信。喝两口冰镇的可乐，哇，这里真是美到让人抓狂。躺在车顶，每口呼吸都觉得很爽，开心极了。

吃饱喝足爬进车里开着空调美滋滋打盹儿。车外白白的沙漠反射的太阳光有些刺眼，天却是异常蔚蓝，空气因为高温产生折射让事物都有些扭曲，车里却因为空调的关系凉飕飕的，甚至手边还有冰镇饮料，一切都是对立却又真实地存在着，显得异常科幻。迷迷糊糊中我开始做起了一个梦：

梦里背景好宏大，好像上帝在做旁白解释所有事情。先是穿越到二战时期，美国队长还是个瘦弱的小个子，有个神秘人给他打了一针，瞬间变成我们所熟悉的肌肉壮汉，取得了对敌斗争的宝贵胜利。太平洋战场，日本法西斯武力强大。1945年，地球上一些聪明的科学家又是在神秘人有意无意的点拨下发明了核武器，并在白沙漠里试爆成功。他们果断把原子弹丢到日本，结束了那场旷日持久的疯狂世界大战。

当人们欢呼雀跃终于迎来和平时，一个科学家却愁容满面。他发现因为试验原子弹的关系，有几艘原本隐形的飞碟意外被炸出了原形，摇摇摆摆地坠落在Roswell的戈壁上……

负责封锁现场的年轻军官很正派不会撒谎，接受采访时说出了发现UFO这个事情。几天之后有更高级别的领导认为刚刚结束世界大战不宜再给大家造成恐慌，于是又封锁了消息，改口说那是气象探测热气球残片……

可纸怎能包得住火呢？总有神秘人从内部泄露出来的零星片段不断证明的确有外星文明存在而且远远超出我们的认知水平。1945年无意间炸出来的飞碟和外星飞行员给人类提供了得以一窥高等级物种秘密的契机，于是人们抓住机会进行反向研究。其直接成果就是1945年以后二十年间取得的科技发展，比前两百年加起来的还多！

研究成果先是用在了武器上，如激光制导、光束攻击。Roswell的实验室里，科学家把飞船拆个干净，挨个分析，一有收获就在白沙导弹基地试验新武器，那么大一片沙漠都给炸白了。他们甚至偷师了星际旅行技术，让阿波罗11号于1969年在月亮上平稳着陆。三位宇航员分别是阿姆斯特朗、奥尔德林、科林斯。看，他们连飞行员操作人数都模拟了飞碟驾驶的建制。

逆向研究还启发了经济、新能源、数字处理技术等。你看《生活大爆炸》里谢耳朵用的电脑都标记着外星人，你看苹果手机，短短几年间它的计算处理能力升级到比登月时还要强大……我们人类还远远没有这么聪明，这中间真的没有得到某种神秘力量的帮助吗？

你再看美国耳熟能详的那些大政治家以60年代为半径或多或少都会与NM州扯上关系，还有大萧条、金融危机、次贷等种种危机到最后似乎都被一只看不见的手引导着平稳软着陆……

是的，外星人是存在的，但因为种种原因并没有跟我们相认。掌握Roswell真相的一小部分聪明人分成了两派：一派认为外星好人多，于是他们拍了《ET》《雷神》《超人》《变形金刚》，另一派认为外星人还是想来抢我们的东西，所以有了《独立日》《第九区》《三体》《复仇者联盟》。两派都不可能向我们直接讲出真相，我们以为是娱乐的东西其实是对未来的一个解读和启示。

那些始终带着面纱的神秘人到底又是谁？漫威的一个个超级英雄都有什么寓意？钢铁侠会不会真的确有其人？等等，我再做个梦，有答案了，就告诉你。

我不要一成不变的人生

德克萨斯

彩虹牧场

第七章

德克萨斯彩虹牧场

El Paso Amigo

从新墨西哥州一路南下就进了大德州地界。德州是美国南方最大的州,也是全美第二大州,仅次于阿拉斯加州。此地跟我们的新疆一样地广人稀。生活在这片土地上的美国人在普通美国人的心目中是一个另类存在,简单地说就是:粗犷、流里流气、爱开玩笑、爱打架、枪法准。

以地域总结出来的性格特点肯定会有人不服。拿我来说吧,我老家在四川阿坝州(最大的藏族羌族聚居区)。在成都上大学时,我就已经厌烦了回答同学们关于我们那里是不是跟江湖流传的一样,都吃生肉、杀人不犯法、交通全靠马等问题。人跟人有异,个体的性格固然会有大背景的着色,更多还是得看家庭的从小教育和自己后来的成长轨迹吧。

前后在德州待了一周多。路线呈心电图式,上下来回穿梭。我所遇到的德州,没有电锯杀人狂,人们也没有打扑克,更没有扒鸡。仔细想想遇到的德州人,性格迥异,精彩绝伦,看,他们来了。

第一站是一个名叫 El Paso 的地方,与墨西哥接壤。我用 Airbnb 搜索,晚上住到了一位翩翩墨西哥公子哥的家里。公子哥儿的名字很复杂,叫 Humbertzo，二十岁出头吧。他中等身材，典型的墨西哥帅哥长相，寸头，五官轮廓很深。他穿一件工字背心，手臂肌肉很有线条，喜欢喝啤酒，为人很幽默、潇洒。

H 公子领着我参观。这是个有超级后花园的大房子，房间干净整洁，还有个巨大的地下室，里面有他的健身房。他说这房子是他爸当初给他的成人礼物。看来也不只我国父母喜欢替儿女买房嘛。

到他家时正好周五。一到周末整个拉丁美洲裔的朋友在家是坐不住的。三五好友常约着烧烤、喝酒什么的，哪怕只是烧堆火吃棉花糖聊天，都能聊到下半夜。

H 公子在后院拾掇烧烤架，要用烧烤架做汉堡包。我也帮不上什么忙，就站旁边聊天玩。他说话时肢体语言很夸张，如同边说话边配上新疆扭脖子舞那种感觉。

不一会儿，门铃响了，我去开门。四五个拎着啤酒、薯片的年轻人在门口跟我很熟似的一阵嘻嘻哈哈："你一定就是那个中国人，对吧？"看来 H 公子已经跟他的朋友们放出风声说哥驾到了。太热情了这些人，抓着我就是撞肩膀又拍背那套，还有从握手演变幻化到碰拳头那一系列连贯动作。猝不及防下我反应有些迟钝，碰拳头的时候一不小心就弄成了你进我退、你退我进的场面，尴尬爆了。

一个胖子笑道："嘿，兄弟，太尴尬了，你们中国人怎么打招呼？"我又用一阵哈哈哈的爽朗大笑化解了尴尬，然后把双手放到左臀髋骨外侧处，微微一屈膝，做了个宫女见到皇后娘娘行礼的动作。他们觉得很酷，于是四五个彪形大汉在我面前行起了宫女礼。哥大笑着一挥手，领着他们进到后院。

各就各位一落座，在场加我一共六个人。H 公子忙着烤汉堡。一个迪拜的留学生感觉抽大烟很多，瘦，很饥渴的样子，三句话离不了肚脐以下。一个白人但西班牙语很流利，标准德州红脖子做派——花靴子、格子衬衫、牛仔裤，时不时往嘴里放固体烟草。一个墨西哥胖子，脖子很粗像厨师，搞笑担当，总能用一只耳朵就可以听明白的词讲笑话。还有一个墨西哥裔的海军大兵，长相很平凡，说是刚从德国驻防两年回来，在休假期间，负责征兵的。他一晚上逮着机会就说当兵好当兵妙，说针对会说亚洲语的人有特殊政策，当三年兵直接跳过绿卡入籍。我一面摆手说我要回去报效祖国，一面悄悄查了下这个 MAVNI 计划，唉，可惜要满两年才能报名。

H公子烤的汉堡别有风味。他说美国人舍本逐末往汉堡里加太多配料，影响了原汁原味肉的口感，所以我们大家就都两片面包夹一肉饼配啤酒开吃，别说简简单单的还真美味。吃吃喝喝这件事情最欢乐。不过我是那种特别怕给别人添麻烦的人，占人便宜会心生愧疚，住人那儿交四十刀，吃吃喝喝人家五六十的东西怎么过意的去？所以后来烤的什么鸡翅啊牛排之类的，都没好意思再下筷子，就闷头吃桌上的坚果。后来有天去超市，我发现坚果比肉贵好多，哎。

酒过三巡，天色渐暗，一群人聊很开心。当然不会是什么高深的话题，互相开开玩笑闹一闹，嘻嘻哈哈时间过得很快。什么中美战略关系发展展望，墨西哥经济格局宏观分析，各国 GDP 增速百分之几，普通老外又没《新闻联播》看，很少关心这种大事。

再一个，好像也没有那么多敌对势力，遇到的老外，知道我是中国人后都很亲切。老有人说在老外面前应该怎么怎么着，不能让人看不起。事实上，哪有人会不分青红皂白看不起你？做一个积极向上幽默阳光的人，自然别人也会对你笑脸相迎。有时候我们太小家子气不自信，抱着天然对立情绪或者奇怪的卑微感跟老外接触，执着于一些细想真的很蠢的事情，内心戏太多！一样有趣好玩的人总是会跨越千山万水来相见的。

不知不觉到了点灯时间。胖子轻车熟路，说去开灯。H公子大手一挥，聊开心了，上篝火！红脖子去拿了个大网子捞泳池里的落叶。大兵哥说他已经打过电话了，一会儿他朋友要带一群美女来。我一听兴奋坏了，赶紧帮忙生火。美帝超市有卖成捆的柴火的，都不用劈，真是方便。没几分钟大家就重新收拾妥当，整个后院从聚餐模式完美切换到篝火畅谈文艺范儿。泳池也打理出来了，一旦美女到来，瞬间转泳池趴，没任何问题。

大家都很积极地筹备，只有迪拜那个瘦子蜷在懒汉沙发上，一副抽大烟时间到了浑身疲软的样子。弄妥之后我们围火而坐，一人拎一瓶啤酒，也不碰杯，龙门阵大家聊，啤酒各喝各。红脖子坐我旁边，他从啤酒瓶上脱下一件小衣服递过来说送我，说这神器套酒瓶上手不会被冰到，我一试惊为天人。这脑洞也够大的，得多爱喝啤酒才会发明这个啊。

又过了个把小时，大兵哥号称即将到来的一大波美女还是迟迟没有现身。H公子提着酒瓶，眼神迷离地笑骂，说他是骗子，每次他都号称叫了美女但总不到。胖子也附和着说受够了老被他骗。我也跟着起哄，"婶

可忍叔不可忍"。于是大家一人搭把手把大兵哥丢进游泳池了。路过迪拜瘦子，看他一副怂样，大家又捎带手把他丢了下去。接着他们就想丢我，见状哥立马主动投降，一个箭步自动投池。这就刹不住车了，池里的拉岸上的下来，岸上的不准池里的上去，一番混战，反正是人人都湿了身。

折腾半天上岸，在火边坐下感觉真是温暖，一通打闹算是打入了这个周末聚会的核心深处。大兵哥提议说明天去墨西哥玩吧，反正 H 公子家老爸在坎昆。迪拜小哥一听，瞬间来了精神，痴痴地回忆他们上次去墨西哥玩的种种。胖子小哥也乐了，看着我说一定得去墨西哥体会一下一百美元当老爷开 party 的感觉。我不置可否。H 公子摇摇头说不成，墨西哥太狂野了。

他说："独自旅行的人都是在试着找寻一些东西，美国正好适合这种旅行。"H 公子一手提酒瓶一手搓着自己的寸头，跳跃的篝火使他脸上的阴影明暗产生了一些小变化，更添了一丝沧桑感。咽下一大口啤酒后，他缓缓说道："很多年来墨西哥人都往美国跑，来这里干着美国人不愿意干的脏活累活，拿着比当地人少很多的工资。可即便是这样，来美的墨西哥人还是快乐的居多，因为他们感到了安全和希望，有了真正属于自己的生活，这就是他们的美国梦吧。"我说："美国梦不是出人头地发大财吗？"他说："墨西哥人发 America 这个音有些特别，A 不发音，所以墨西哥人的美国梦是不用得 A 级那么高分的。

聊得热闹时，胖小哥跑进屋拿了个吉他出来开始弹 Amigo，西班牙语朋友的意思，旋律悠扬歌词简单，在墨西哥人心目中估计跟我们周华健版的《朋友》差不多地位。我以前听过，有几句歌词有点印象，唱到高潮那部分我冷不丁加入大家合唱，他们眼睛都瞪圆了。

大兵跟 H 公子他们还跳上舞了，一手抚皮带另一手自然上扬，两腿一扭一扭往前顶胯那种舞。哈哈哈，原来墨西哥人是真喜欢跳这个舞的。

我被这种释放快乐表达自我的情绪感染，不禁站起来调整呼吸，不疾不徐地打了一套太极！打到白鹤亮翅那招时，几个墨西哥人鼓掌，说我跟《功夫熊猫》里打得一模一样，中国人果然都会武功。我谦虚地摆了摆手，简单教了下他们"一个大西瓜，从中间切三瓣，一半给你，一半给他"的绝密口诀。于是一群人就着篝火和月光在美墨边境打起了太极。如果真的有上帝，他可能也会被我们逗乐吧。

胖小哥把 Amigo 越唱越细，火光映红了每个人的脸，时间仿佛又一次变慢。真是年轻的朋友在一起呀，比什么都快乐。

第二天一大早我还是决定上路，对未知旅途的期待和对真正牛仔生活的向往，像小猫用爪子在挠我心一样。H 公子还在睡大觉，呼噜震天响，隔着房门都能听到，我找张白纸写了些感谢的话放我房间床上。行李一收提车上就准备不告而别。

在厨房做早饭的迪拜瘦子，又是一顿挽留。他说 H 公子的老爹是墨西哥黑社会大哥，身边老多扒蒜小妹了，让我留这儿再待几天，他们也好打着招待中国新朋友的名义去 H 老爹那儿蹭吃蹭喝。

我是那种特别不经劝的人，心想要是去趟真正的墨西哥转转也不错，有些犹豫。正纠结时微信响了，以欢哥为首的几位重庆马友竟然跑到俄罗斯纵马飞驰，一个个的照片帅到爆炸。我一看坐不住了，我现在可是在德克萨斯啊，牛仔祖宗啊，不行不行，我得赶紧当牛仔去！

于是下定决心继续上路，瘦子送我出门，又是握手撞肩拍后背那一系列连贯动作，有所防备的我基本上是跟上节奏了的。冷不丁这小子把身体一侧，两手放髋骨处，又是一蹲，好嘛，当宫女当上瘾了。不过看他表情很严肃，自作孽啊，我也只好扑克脸侧身半蹲还礼，画面太违和，足以在中外交流史上留下举足轻重的一笔了。这一宫女蹲，也开启了我在德州的牛仔旅途。

德州牛仔

我直奔有世界牛仔之都之称的 Bandera①。Bandera 地处德州腹地，从 El Paso 杀过去至少有五百英里吧。我中途除了加了两次油买了两个汉堡吃，真算是马不停蹄，日行千里。平时做什么都不会这么着急，但是一想到德州牛仔这四个字，诱惑对我来讲无法抵御。

从骑马说起吧。我是羌族，小时候常去放牛，马呀牛啊羊啊都骑过，猪也偷偷骑过。后来长大了在重庆工作，收入吧虽说不富，但足够我玩一些想玩的东西，骑马是其中一项。那是一段旧事。重庆骑马圈子里的人都很好，各位马主大大都是热心人。

根据骑法风格差异，大家把骑术粗略地分成"英式"和"西部牛仔式"。我当时加入的是"英式"骑法"逍遥门"。大逍遥门门主项裴项二哥骑术高超，纵横重庆马帮江湖好多年，看他骑马就俩字——优雅！可是他在我加入门派后的第二个星期携爱驹在成都打一场速度赛，不慎把腿摔断了，要卧床一年。在此期间门派所有事务都由大师兄"妖刀"打理。大师兄为人耿直幽默，但新得贵子，故去马场次数较少。于是处于学艺

---

① 词义：班德拉。

上升期的我骑术技巧就完全不拘一格，野蛮发展，大有走火入魔之势。

这时候，马帮江湖中另一位灵魂人物，西部骑法巅峰存在"寻欢门"掌门陈灵陈寻欢果断出手了。他背着手在我每一个起坐和操控间淡淡地念着口诀，并时不时把自己的爱驹给我试节奏压浪。有高人相助，我自然进步神速。

直到有一天，我原本的师父逍遥哥拄着拐在马帮QQ群里问我最近练得怎么样，我得意地将纵马飞驰的照片发到群里。师父他老人家沉默了，而寻欢门的众弟子则在群里炸开了锅。这些照片，分明就是典型美国西部骑法呀！我突然感觉像学了别家武功而感到对不起小师妹的令狐冲，又像被命运选中推出来集百家所长的郭靖郭大侠。一时间群里众说纷纭，争吵不下。而寻欢大哥悄然打下一句掷地有声的话定住了风波："骑马，从来不能靠函授的……"

厚着脸皮的话，我也可以勉强划为西部骑法。对每一个会骑马的人来说，西部牛仔都是图腾级形象。德州则是载体，那我再讲一段故事吧。

美洲本土的土著牛品相不佳，不好看也不好吃。后来殖民者哥伦布他们带来了器宇轩昂的欧洲牛，一养三百多年。那会儿美国还是奴隶制，有很多期待被解救的姜戈。

大西部地区因为得天独厚的条件，养牛业呈现跨越式发展，甚至远远超越了祖师爷欧洲养牛大王。紧接着美国南北战争开打，火车冷藏车厢技术也被发明出来，牛肉能够长途运输并保持新鲜。于是东部各大城市的市场都向西部大牧场开放。大牧场主们则进一步扩充牧群饲养规模来适应日益增加的需求量。

德克萨斯一跃成为养牛界的明星之州，每年放养出栏五千万头。这五千万头牛要集中赶到堪萨斯州阿比林火车站，再从那里被运至芝加哥，

经屠宰、切割和冷冻后再运往东部。牛仔正是在这个时代背景下，横刀立马应运而生的。

中西部农场的小伙子、寻求冒险的英国人、东部想脱离父母独立的年轻人、以前叛变的士兵、少数原是奴隶的黑人、一些印第安人，以及最重要的来自边境的墨西哥人，数以千计，蜂拥而至大西部，受雇于农场主，照料牲畜牛群。他们，就是西部牛仔的最初群体来源。

正是这波人，以一种开拓的精神，锐意进取，披荆斩棘，砥砺前行，成为浪漫主义的化身和粗犷野性的代表，象征着美国开疆历史、西进扩张运动和开国的神话。英勇、勤劳、善骑、思想自由的牛仔成为民族偶像式人物。今天，牛仔精神依然作为符号代表着美国文化中不朽的精神，激励着一代代年轻人。

你要是以为牛仔只是骑骑马、摆摆造型、撩撩妹子，那真错了。牛仔们算是当时顶尖生产力的代表。几位牛仔分工合作驱赶上千头牛，长途跋涉跨州越县，规模浩荡无异于一场行军。非洲数以百万计动物经过千百年基因沉淀，一年一度耗时几个月逐水草长征，被称为自然界最伟大的迁徙。而光德州，牛仔们就要赶五千万头牛北上堪萨斯，这是在人为的制造比自然界最伟大迁徙还要壮观好多倍的场面啊！

当时有专门的牛道和牛镇，牛仔们分工合作，几个人就要赶动几千头牛。一路风餐露宿，长达一两个月的奔袭里，他们会遇到无数的意外情况。风餐露宿不必说，牛群脚程慢、胆子小，打雷闪电要了命，爬坡过河都是问题。他们还必须应付山贼、豺狼虎豹。所以说出色的牛仔无论是在骑术、枪法、观星导航、使用绳索，甚至是在兽医、野外生存这些领域都绝对是顶尖的人物。那可是真硬汉啊！光会耍酷可干不了这个工作。

曾经有幸在酒吧跟一位须发皆白的老牛仔聊天。他告诉我，现实中的牛仔们分工明确，必须要团队合作、各司其职才可能完成工作。常常要有两位经验丰富的"总镖头"担任指挥，在队伍最前头，掌握整个队伍的节奏。前梢左右是两位骑术高超的人物，上传下达，有传令兵的意思。两翼根据牛群规模设置前中后三段"边锋"。而尾骑后防线跟足球场上后卫线一样重要，得保证老弱病伤懒牛不掉队。辎重粮草锅碗炉灶会用马车装上跟着队伍。还会有一位"牧马人"，照料大家的备用马匹。最后是我最中意的角色"Ranger"——游骑。他们走位飘忽，每个位置的英雄技能都会但又不限于定式，在整个队伍中看心情穿插，跟同伴开玩笑逗闷子，哪里需要哪里就有他，就像 C 罗在国家队打的位置，真是让人神往。

脑子里想着这些内容，一个人的旅程也变得热闹，收音机里的乡村音乐愈发欢快动听。奔向 Bandera 的这五百英里，内心是飞起的。路两边干燥的红色基调向后飞速退去，绿意悄悄爬进视野，逐渐有了一丝盎然的味道。咂吧咂吧嘴巴，靠边停车摘一根青草叼嘴里，关于牛仔，我知道的可不止这些。

这是另一个有趣的故事。其实牛仔裤最初并不是专门给牛仔们设计的。当时美国出现淘金潮，人们都跑到西部去当矿工淘金矿去了。有两个年轻人干活不行，突发奇想，把做帐篷的粗质帆布用来做成裤子却意外地大受欢迎。耐磨、修身，裤兜紧实能装小金粒儿，这种裤子迅速风靡整个国家。同样需要一条耐磨裤子的牛仔们也抛弃了传统的大恰布斯，换上利索的牛仔裤，并喧宾夺主抢占了人家的名字，不然我们今天穿的就要叫矿工裤了。

我低头看了看自己腿上那条 501，与 1849 年发明问世的第一条相比，款式据说没有太大变化。想想真是穿越，一百六十余年后的今天，一个中国酷哥穿着当时就有了的帆布裤子重走淘金矿工（加州）到牛仔（德州）的路。那位叫李维斯的小伙子，感谢你当年不务正业没好好淘金哦，这样我们才有了光膀子只穿牛仔裤在心上人家里走来走去的画面。

好像很多影响人类日常的事物都是无意间且不在本职工作上产生的呢。你看火药是炼仙丹的方士炼跑偏得来的，酒是杜康无意中看到粮食发霉了酿的。美洲的土著为什么叫印第安人，是因为当时到达美洲的哥伦布大哥他弄错了。在海上漂了三个月晕了头，发现美洲大陆他很兴奋，以为到了印度（India）。

真的就是这样，很多时候原本一个无意的乌龙却成为另一个伟大的契机。所以，远离每天重复前一天的无聊常规吧，我们又不是拉磨的驴。抛开一丝安逸和熟悉，尝试些新奇的事情，世界那么大，不要把周围方圆几里的琐碎事情当作整个人生。

不过我还是不能原谅第一个知道牛奶能喝的人！

不知不觉五百英里弹指一挥间就到，心向往今，旅行中的路途就会缩小成最轻微的问题。激动而急切到达的心情，沿途的风景都没有耐心好好欣赏。一个大拱门招牌出现在眼前，上书：Cowboy Capital Of The World[①]！终于到了，世界牛仔之都，走起！

Bandera 却是一个小镇。我开着车四处转。跟我想象得差不多，依山抱水，路上行人不多，都是牛仔帽格子衬衫装扮。我肆无忌惮地探索着整个镇子，要看看这个敢号称世界牛仔之都的地方有什么过人之处。整个镇子有种非常安静的味道，这可离我想象中牛仔扎堆的地方有些偏离，怎么不闹腾？下午三四点难道牛仔们还在睡午觉吗？

---

① 句意：世界牛仔之都。

德州那么大，哪里才是彩虹牧场

在一个叫 China Bowl①的饭馆，我胡乱点了一个木须肉套餐，估计厨师也是胡乱炒的，很快就上菜了，味道还成。借着网把晚上的住宿定了，心情瞬间又轻松起来。三下五除二把饭吃完，感觉浑身都是力气。我就快要见到传说中的牛仔了！我甚至可以成为他们中的一个了！想想都让人热血沸腾。

行李我都等不及放去住处，吃完就去找牧场，太久没骑马技痒难耐。谷歌地图告诉我，沿着小溪逆流而上，一个左转进入牧场大道，山谷里有十几家在德州旅游局排名靠前的牧场。开车上去二十来分钟，一路平静，但心里激动得要死，多年心愿就在眼前，脑子里西部电影里的场景一幕幕铺开。

转过一个弯后，我把车子停在路边，开始有围栏出现了。一个高鼻子大爷在大门口的栅栏后面摆弄一些旗子。看我靠近，高鼻子大爷便用一种"爷很忙，边儿上玩去"的眼神斜瞄着我，并用很酷的声音自言自

---
①短语的意思是：中国碗。

语:"Not a good sigh to make a German flag upside down ya.①"我就很自然堆着笑脸表示,贫僧自东土大唐而来,想来骑骑马、放放牛、打打枪啊。老大爷停下手中活计,眼睛斜得更厉害了,脸上有了些不耐烦,用下巴一指旁边金属牌。太激动都没注意到提示牌,好几块,写得很明确,这是"Private Property, Keep Out②"。我忙不迭说不好意思啊,太激动没注意到,打扰了。高鼻子大爷看我确实不像是故意的,脸色这才缓和下来,并跟我说还得继续往前开,前面有可以接待游客的牧场。

继续前行没几分钟,路上就有了人们自己插的一些野路牌,到哪个牧场哪个方向,还要走几公里一目了然。我开进一家在网站上鼎鼎有名的牧场。农场主是一位中年大叔,声音洪亮,握手像一场战斗,很热情,戴一个质地很好的牛仔帽。进屋之后主客落座,我又把自东土大唐而来想怎样怎样的诉求说一遍。大叔说据他所知Bandera的接待游客的牧场都不可能做到我脑袋里想玩的样子。我一时语塞,不对啊,这可是狂野德州,怎么回事?也许只是这家的老板比较保守,搞不好前面就会有粗犷的大哥直接丢一匹马给我呢 。于是我便借故告辞,再接着去前面碰碰运气。

出门去不甘心,又接连跑了七八家牧场,得到的答复都大致相同。失望的情绪笼罩着方圆十里。坐上车后突然感到一丝疲倦,沮丧到抬不起头,很难接受。就好比一个老外千里迢迢跑来四川大熊猫基地,结果发现这里只有农家乐连个熊猫屁都闻不着。怎么接受这个吗?世界牛仔之都啊,哎呀,气死我了。

我把车停到11街那个牛仔酒吧门口,给休斯敦的一个朋友打电话试图问问他,知不知道应该在哪里去找彩虹牧场。因为一直在打电话所以没有熄火。一位挂着拐杖的胡子爷爷一直围着车看,我把车窗摇下来问

---
①句意:把德国旗弄倒了可不好呀。
②句意:私人财产,禁止入内。

了句好。胡子爷爷开篇点题"车不错",指了指旁边停着的他的老 JEEP 车,说待会儿喝完啤酒跟我飙一飙。我连连摆手,开车不喝酒早已深入每一位共产主义接班人的心。正打算告诫胡子爷爷几句,司机一杯酒,亲人两行泪,老爷爷却哈哈大笑"开玩笑而已"。

我把将要一个人横穿美国,想在这里感受牛仔却只找到农家乐的情况对他发了一长串牢骚。胡子爷爷说,他活这么久了,还没见到哪个黄皮肤的人对当牛仔这么痴迷的,现代可没什么真正的牛仔了。然后挂着拐进酒吧了,动作真是慢得有些萌。我说,老爷子,你这言谈举止就是活生生西部守旧派风格啊!

吃罢晚饭,我在镇上逛了逛。牛仔这个主题已经做到非常极致了。一个帽子八百刀、外套一千二百刀、马甲六百刀、手套四百刀……会有人舍得穿这些干活?

踱进牛仔酒吧,真是够大,人不算多,典型西部酒吧风格。乐队弹着欢快的乡村音乐。有人在酒桶上掰手腕,有人在吧台装酷哥,有人跟朋友斜站着聊天,时不时爆发一阵哈哈大笑。

继续待了一阵感到无趣,就跟周围人讲了声保重出门而去。夜里是真冷,我把车挪到马路对面的停车场,然后溜达回住处。一路心里犯嘀咕,好像不太对啊,整个 Bandera 神似我国那些偏远的旅游县城,口号震天响,去到之后发现差别很大。

天气渐寒,县城上甚至没有什么生气。我知道这样的地方每年要到特定时候才会热闹起来,选择在冬天旅行就肯定会遇到冷清。洗个热水澡,躺床上劝自己接受现实。

第二天还是不甘心,早早地就醒了,又驱车进山谷一家家牧场再去敲门跟人打听。剧情却并没有逆转。

"07接待客人的牧场"的农场主就是昨天那位牛仔帽大叔,见我依然不死心便跟我一起蹲坐在木栅栏上劝我。原来《燃情岁月》那种牧场在蒙大拿,《海洋饼干》那种牧场在肯塔基,《荒野大镖客》那种牧场在科罗拉多。CCTV5转播的红牛骑野牛比赛在拉斯维加斯。而德州旅游局网站上所说的一百家牧场,真的就是休闲娱乐的超级农家乐。外面还是有很多私人的家传牧场,应该是最接近我想去体验的地方,遗憾的是他们基本不对外开放。大叔要去忙别的事情,就劝我说,年轻人不要钻牛角尖,还有那么多好玩的事情。

继续在Bandera待过了昏暗的一天,说来也怪,一直艳阳高照的美国西部在进入德州后开始时常下雨、阴天。想到Bandera我就如鲠在喉,想说却凝噎。

旅行有一个常见的必然产生挫败感的错误,就是在到达之前太过具象地把目的地在脑子里提前设定,而准备工作却又做得不足。那么高的期望值和现实两相碰撞,人很容易沮丧。想想那些去少林寺学武功的老外,被各个"少林"名号的武校忽悠过去天天做俯卧撑,心理阴影面积该有多大。

我是自己忽悠的自己,给德州附加了太多太多的期望。Bandera受挫后我依然不甘心,始终坚信有好多硬汉牛仔正在过着我理想中的那种生活,只是我不知道怎么去找到他们。

我像个无头苍蝇开始了疯狂地四处乱撞:班德拉——奥斯汀——圣安东尼奥——达拉斯——休斯敦。在这个州不知疲倦地长途奔袭,所经过的轨迹连起来像是起伏的心电图,从小城镇到拥有NBA队伍的大城市,从南边绵绵的阴雨到北边泛红的广袤,却在每一个暂定的目的地到达之后立马经历失望,试图寻找的生活方式始终没有出现。

一个人驾车长途旅行神经是脆弱的,挫败感像下山的雪球越滚越大,急躁的情绪占据整个大脑。停在路边,张牙舞爪摔方向盘,疯子一样踢轮胎,抓狂骂自己傻,不知道早查清楚……

当路码表显示我已经在德州境内乱闯了近两千公里时,不得不颓然地承认一个事实:德州太大了,我这次真的找不到想找的牧场。

接受现实后,心里那根不服气的弦也放松下来。那是在休斯敦去达拉斯的15号高速上,有一丝雨,恰到好处地将空气洗得更干净。路两旁都是森林,一片一片树叶有红有黄煞是好看。我减速随便找了个口子下道。往森林深处开,路况很好。窗户摇下来竟然觉得空气里有分甘甜,心情也逐渐明朗起来。过去的几天好像是太过于执着当牛仔了,错过了许多路上的风景。

我把车停在路边,信步走在尚有水渍的乡间小道,往密林深处走去。几声不知名的鸟儿鸣叫衬得林子更显安静。中央有一木长椅,上面还有些露水。有两只萌萌的松鼠你追我赶,从一棵树上跳到地上,捡松果含在嘴里。微风很弱,仅把高处的树枝缓缓吹动,像在悄悄讲情话。眼前的画面干净到让人不忍出声。

大口大口深呼吸,新雨浇过的土壤也仿佛贡献了清新味道。继续往前走,竟在林子里发现一个极美的木屋。我像当初误打误撞找到桃花源的渊明哥一样呆立当场。金黄的树叶落满院子,给主人家铺了一层厚厚的地毯。木屋安静地立在那里浑然如天成,拿起手机拍了两张照片却怎么也拍不出眼前的美好,索性双手插兜静静观赏。心里忍不住赞叹这才是会过日子的人哪,活在画里。

得见如此安静人间,不禁又自顾陶醉傻笑。柴米油盐酱醋茶,琴棋书画诗酒花,并不矛盾的。有机会我也要弄一个这样的大礼物给自己。我退回去在长椅上呆坐了个把小时,跟自己讲通了道理,旅行就是这样哪有尽如所想,可不能以这样浮躁的心情继续,细想想这几天因为执念错过了多少风景。

圣安东尼奥的河滨步道，马刺队每次得总冠军都会在那里巡游。我沿河走了一大圈遇见当地人就问知不知道哪里有狂野牧场。Stockyard[①]中央大街的赶牛秀人山人海。一位原本是做点心的墨西哥厨师在那里找了一份每天表演赶牛的工作，他好喜欢，但他也不知道哪里有狂野牧场。奥斯汀巨大牛仔博物馆详尽描述了整个牛仔群体的兴衰鼎盛，而我却逮着白胡子的讲解员爷爷打听狂野牧场。我甚至还在休斯敦住了三天，NASA 的太空中心近在眼前，都没有进去，而是在到处找狂野牧场……

不忍再细想了，这样狂躁的自己跟上车睡觉、下车尿尿、一到景区直奔标志拍照的观光客没有了区别。杰伦都唱了追不到的梦换个不就得了。我这个梦还在这儿，不会跑，只是需要下次做足功课来实现。那么我就换一换心情继续旅行吧。最美的风景都在路上，而路不能全用来赶，要多看。

走出执念后被失望笼罩的阴霾终于散掉，天气也越来越好。我看着地图随手定了往北一个叫 Paris，一个叫 Mashall 的地方，纯粹是因为好奇名字。调整过后的心情像是放下个大包袱，轻轻松松又有闲心欣赏路边的蔷薇。

德州真是大，已经有年代印记的公路系统依旧直直地伸向远方，更增添驾驶乐趣。我把定速巡航打开，一根大拇指摁在方向盘上，半小时不用动。更不用担心突然冲出来个车什么的。咳咳，经测试，切诺基可以跑 189 迈。我当然知道超速不好，平时也不这样，可是接着我要说个事，你会觉得超速并不重要。

那种 drive through 的麦当劳、肯德基你有印象吧，开车过去，对着一个内嵌式对讲机点餐，然后绕一圈，店员就把你的餐准备好递出来

[①] 词义：美国的一个小镇。

带走。全程方便快捷,你都不用下车就搞定。我在沃斯堡一个加油站旁边看到drive through的酒吧,你敢想吗?你开车过去说,给我来杯血腥玛丽,绕一圈,店员递个杯子出来,吸管都插好了……

到底是德克萨斯,让美国人自己都要惊叹的粗犷的TX。所以说狂野这个东西就像理想中的女朋友,你要疯狂地四处乱碰去找,注定受挫。而放低心情后的一个转角,搞不好就会不期而遇。是时候作别德州了,继续往东走吧,路易斯安那,开车转上高速,路边两个巨大的广告牌,当铺的,"WE TAKE GUNS![1]"

他们真的蛮狂野的。

---

[1] 句意:枪可当钱!

我不要
一成不变的人生

密西西比

荒野猎人

第八章

密西西比荒野猎人

荒野猎人

莱昂纳多终于拿了奥斯卡奖，网上的小金人那个梗就玩不了了。就像他在《盗梦空间》里说的，"在梦境里我们会突然出现在一个场景，却怎么也回忆不起来是如何到的这里"，密西西比对我来说就是这个记忆犹新却想不起开头和结尾的梦境。在这里我当了一把荒野猎人。

好像是一个晴天，已经到了穿越的中途，对风景已经开始有一些麻木。机械地开着车，一直开到下午四五点，才反应过来我好像又穿越了一个州，到了密西西比。

我对这个州还真是没有一点儿了解呢！闷头走着呗！也不记得是在哪条高速的哪个口子，有一个标志牌写着啥啥湖，反正也没听过，但还是鬼使神差打了个转向灯，下高速看看去。

开了好几里地，没见着啥湖啊，鱼塘也没见一个。公路越变越窄，有点我们这儿乡道的意思了。两边的风景换了一种风格，没有山了，最多就是小山坡，跟微软那张著名的桌面似的。路两旁稀稀拉拉有些人家，房子又大又漂亮。这画面，分明就是一个放大了的高尔夫球场，周围全是青草。

心情瞬间变好，这里好漂亮啊。我慢悠悠继续往前开，想着要是能在这片大草地里撒欢打滚儿策马奔腾那不知多好玩。

有人搬出椅子在门口晒太阳唠嗑，哈哈哈的声音我隔着玻璃都能听到，还真是愉快。我随便找了户门口挺热闹的人家把车停下，厚着脸皮凑过去跟一大家子人搭讪。中部农村的口音还是有些明显，调子起伏要大些，时不时还要加些额外的鼻音显得自己很高冷。几个回合下来算是熟络了。

这个大家庭七八号人。老头已经开始耳背了，老太太是家族权威，像佘太君一样威严，两个主要劳动力是她的孙儿，孔武有力。为方便称呼，我们就叫老太太佘太君吧，劳动力是武大武二。还有几位阿姨、叔叔啊什么的，不重要。下面故事的主角是佘太君和武家兄弟。

佘老太君自信而果断。你想象一下，她居高临下耷着眼皮问我，怎么到的这个几乎就没来过黄种人的村子，我说纯属偶然靠缘分。老太太很惊讶，用很夸张的语调说："You just stop by and talk to people?[①]"我说这不美国嘛，入乡随俗学你们呢。老太太斜眼看我，似乎很难相信。

武大武二则显得很靠谱踏实，话不多。怎么形容呢，武大是个闷头干活的胖子，内心丰富；武二是金发碧眼版闰土，一身好武艺，很难理解长得像他这么帅的人怎么愿意天天待在村里干活。

我们天南海北聊了个把小时。佘老太君对我千里走单骑的行为非常赞赏，说很美式，很有种，是个好孩子，干脆在村儿里找户人家当上门

---

① 句意：你就这样随缘停车然后跟人攀谈？

女婿吧。哈哈，好像在喀纳斯、额济纳、纳木错、马尔康、双廊一样，只要表现出喜欢这里，当地人都会给出一个当上门女婿的机会。

聊着聊着聊到那些青草，我说这也算是冬天了，但草场也青得太离谱了吧，什么情况。佘老太君娓娓道来，说这是专门种来给牛啊羊啊过冬的草，都是精心培育的，算是素食动物界的满汉全席了，肥美得很。可是最近遇到一群"小偷"——鹿！由于生态环境太好，这些鹿简直是疯狂繁殖。一到冬天，就四处乱窜，偷吃人家储备的肥美水草。

老太太说到这儿狡黠一笑，问我打过猎没有。我说我们中国人爱好和平，简单地说就是，没有！

这时，一直拿着望远镜望着远方的武大笑了。他说来了四只鹿，正在一点钟方向吃他们家草。武二闻言二话不说，跑进屋里，一分钟后拿了两把猎枪出来，递了一把给我说，走，大开杀戒去……

你知道微信里那个一脸懵掉的表情吗？我手都不知道该怎么放了。这啥情况，枪啊这是。小时候幼儿园老师说陌生人的糖果不能要，可这陌生人的枪不由分说递到手里……你说这可咋整？打猎啊！佘太君发话了，拿着吧，空枪，子弹在武大皮卡车里呢。

这个州的野生鹿数量太多，控制不住了，就像老鼠，乍一看挺萌，偷吃粮食吓死人，给它们一点空间能给你生一个部队。州政府是鼓励打它们的。但有几点要求：一是必须要先办一个狩猎证，几十美元吧；二是枪不能调成连发模式；三是不在怀孕期打它们。

武松把皮卡车点着，拍车门说道："嘿，你跟着来吗？"我提着枪一溜小跑上车，小心脏怦怦跳，我这就打猎去啦？问武大，我说我没证啊，武大哈哈一笑："放松，就猎杀一只鹿而已。"

没开几分钟就到地儿了。一共四只鹿，探头探脑，一副做贼心虚的样子，看我们一直盯着，它们便装出四处看风景很无辜的样子，头偏向一边，眼珠子却一直往我们这边瞟。那副鬼鬼祟祟的样子真的能看出来它们也知道自己在干坏事。

我们在距离"小偷们"一百五十米左右的地方就下了车。武大武二很熟练地往地上一趴，我也赶紧卧倒。武二把弹夹递给我，看我姿势动作还算比较标准，又问我以前在中国打过没有，我说没有。他说还算可以的，姿势不错，像模像样。我说我在加州参加过两次手枪培训课程，一次二百刀。武二呵呵，然后在那里撇嘴摇头。

至少趴了半小时。武二一直说再等等，它们走近了再打。我大气都不敢出，一直盯着瞄准镜。当时趴地上的我浮想联翩，感觉自己像正义

的八路军在打埋伏，内心是既兴奋开心，又有些小慌张。

鹿子们越走越近，越走越近，感觉也就三十来米了。这几只傻鹿已经甩开膀子吃上了。我枪口对准一只胖子鹿，就数它吃得最多！三点一线，瞄的是它的脖子，距离不远，加上瞄了这么久，不说十拿九稳吧，反正我觉着有戏！

趴我旁边一直瞄得特专注的武二头也不回，轻飘飘来了句："准备好了没？"哎哟，长官下命令可以开枪了。等等，为什么我心跳这么快？赶紧深呼吸深呼吸，不着急不着急，不是看过那么多狙击手电影嘛。为什么手心也开始出汗了？再深呼吸深呼吸。

武二还是头也不回，一直专注地盯着自己的猎物。就像单反相机轻按快门就会自动对焦，然后再往下按一点点就咔嚓拍照的原理，枪的扳机也是这样。我把心一横，活动了下有些僵硬的脖子，食指用极度缓慢的速度将扳机抠到"自动对焦"的位置，只要再动一点点，枪就会响！

为了让武大武二有个心理准备，我用极微小的声音倒数三二一……砰！惊起一群潜伏的鸟。

枪一响我也不知道打中没，下意识抬头看，我去，这几只鹿跟做过应急预案似的默契，分别朝四个不同方向逃窜。我一下乱了不知道该瞄准哪只再补一枪。说时迟那时快，第二声枪响立马跟上，武二出手了！那只胖子鹿躲过了哥的追魂夺命镖，却躲不过武二的穿云落雁枪。它还妄图跳过篱笆夺路而逃，结果跳到半空挨武二一枪子，正中大屁股，扑腾两下，晾在矮篱笆上了。

一切也就发生在一两秒以内。剩下的那几只狼心狗肺鹿早已逃之夭夭，跑得没影儿了。套路哥当然懂，电视里这种敌人落荒而逃的时候，小白痴都会义愤填膺往上追，然后男主角会把自己人拦住淡淡地说道：

"唉，穷寇莫追。"所以哥当然不会傻傻问要不要追着打这类蠢问题了。

武二终于转过头酷酷说道："哥们，你没打中。"我只好假装不尴尬。武大帮我把子弹退膛上保险，这下我们三个才从地上爬起来拍拍身上的泥，相视而笑。虽然不是我打中的，但还是巨开心，蹦跳着收猎物去！

我跟武大合力把鹿丢上车箱，怎么也得有百八十斤，收获大大的。猎物现在就在我脚边，从一只活胖子鹿变成了死胖子鹿。仔细检查了下鹿脖子，最终确认确实不是哥亲手打中的，可哥好歹还是放了一枪，重在参与嘛，与有荣焉。

武大拍了拍货箱铁皮发信号，武二一脚油门，皮卡车咆哮着卷起一路灰尘，班师回朝。在往回开的这段路上，武大还是酷酷地看着远方，随意席地而坐，屁股压着自己右脚踝。他手搭在货箱侧门上，啤酒肚从T恤下面露出一线，脸很肥，却很淡然，仿佛看破了整个红尘，又如同梁朝伟飞去伦敦喂完鸽子后回家，像什么事都没发生一般轻松随意。我一直盯着鹿，还是不敢相信就这样打了次猎！摸一摸，还有些温度。对不起啊小鹿，杀了你，谁让你吃那么胖呢？吃素还能吃这么胖，你说不打你打谁？别怪我们啊，下辈子好好投胎，成为那种保护动物吧。我轻轻拍了拍猎物，算是跟它讲清楚了。

回到村里，武大武二跳下车，轻车熟路去取后续的家伙。剩下我和佘老太君四目相对。她很霸气地一手提溜着鹿角，一手指着我说："年轻人，你应该写一本书，给人们讲述你的所见所闻。没准能大卖赚钱呢？"她说人们总是喜欢看关于冒险和旅行的故事的。她有个表哥的女儿的女儿就成天到处去旅行，然后写书卖了多少多少钱云云。我附和着点头，嘴里说着"我会试试"，心里在想，哇，著书立传这种事情离我太遥远了，想都不敢想。要是真的狗屎运来了，写出一本来，那该多酷啊。哈哈哈……

此时，武大取来了大桶、铁链、挂钩等家伙，武二则开了个推土机出来。武大熟练地在猎物后腿脚后跟那个位置划了两道口子，把大铁钩从那两道口子里穿过，挂起，铁链一收，用根木棍搭上。武二把推土机挖斗放下来，木棍正好可以卡在挖斗几个大齿之间，再往上一卷，这只猎物就被倒吊起来了。好嘛，美国的做事风格，这阵仗也太大了吧！

武氏兄弟配合得相当默契，剥皮子割肉这种事不知道练习了多少遍，上下翻飞，没几下，一张皮子就剥了下来。说实话那画面还是有些残忍的。

想起小时候去舅舅家杀年猪，表哥们都是男子汉，摁猪腿的、扯尾巴的、摁脑袋的，各就各位，分工明确。就我一个高原红小胖子不知所措，还略带哭腔地问我小姨，为什么我们人类这么狠心要杀它们。小姨跟我讲事情本就是这样，猪不工作不运动，饭来了张口吃完就睡。它享了一年福，现在时候到了它该还了。小姨还用羌语跟我说："要有少数民族男子汉的样子，要勇敢，它是这一刀柴……"

一时失神，佘老太君哈哈大笑起来，说我害怕了，我说没有。她还笑着打电话给她邻居说，快来看啊，我这里来了个中国人，他被剥皮子吓坏啦……这些美国人啊，怎么随时说话都在开玩笑。

没一会儿，又来了几个邻居，来看传说中吓坏了的中国人。我又免不了解释一番，咱没吃过猪肉嘛，也见过猪跑，根本不怵任何场面啦。硬着头皮上去帮武大武二干这个解剖工作。我提着一条鹿腿手足无措，白 T 恤上面也沾了一些血丝。佘老太君笑得更开心了。

天色渐暗，邻居拿了一些肉各自回家了。武大媳妇开了另一个皮卡来接他，也分了些肉。武二住得不远，说今天就不走了，在奶奶家吃饭。他问我要不要纪念品，我说必须要啊。于是他转身就去找了个锯子。我哪里会知道，他说的纪念品，是连着头皮、头盖骨一齐锯下来的鹿角……这风格也太粗犷了。

日头落下，要说吃饭的话了。老太君指挥几位女眷张罗着弄顿大餐，说让我准备一下，吃我人生第一顿鹿肉宴。我也不知怎的，支支吾吾犹豫起来。我确实不喜欢和陌生人吃饭，有时候会陷入一种毫无由来的低气压中，特别是在饭局上肯定会冷场。这家人这么好玩，第一次见到中国人，本来想给他们留下还算可以的印象，一吃饭全毁。再加上，这一下午发生的事情太好玩、太丰富，我这小心脏一直超负荷怦怦跳，续航能力吃紧，内存告急，得赶紧捋一捋，找个地方手舞足蹈一下才能恢复。

于是我躲到车上开始搜肠刮肚想单词该怎么婉言谢绝佘老太君的邀请。

啊……最烦自己这种状态，敏感而暴躁，揣度别人的好意，不会拒绝，觉得事情没有合逻辑的处理方法。真是再铁的汉子内心都有个小女人动不动占领大脑，然后开始发神经！得赶紧结束这种神经病状态。

于是我下车进屋。他们正热火朝天忙活着。我在那儿搓衣角，老太君问我是不是有约会，我说今天过得太漂亮了，但是我得继续上路，就不吃饭了。老太太瞬间温柔起来，过来拥抱我，低声说道："一定要再回来看看我们。"然后又恢复很酷的样子，跟大家说："嘿，这家伙要走了。" 女眷们闻言也都过来跟我一一拥抱告别，武二也收起拽拽的模样微笑着。

你要走，人家也不拦你，不刨根问底为什么不留。不讲究面子上的客套真好！

出门上车把火点着掉头，一家人还在门口跟我挥手，我把车窗摇下来跟他们大声道别。缓缓踩油门开出他们家院子，转上大路。继续往前开，赶往下一个我也不知道会是在哪儿的目的地。远处，地平线和天际线已经融为一体，满天星星也都出来上班了。

我把车窗开了一条缝，小风一吹，更惬意。这个地方的地址、他们的联系方式我都没有，以后再想回来是不可能的了。无意中一期一会的精神贯彻到了底。可是老太君，也许有天我能写本好书，里面肯定会有你的。

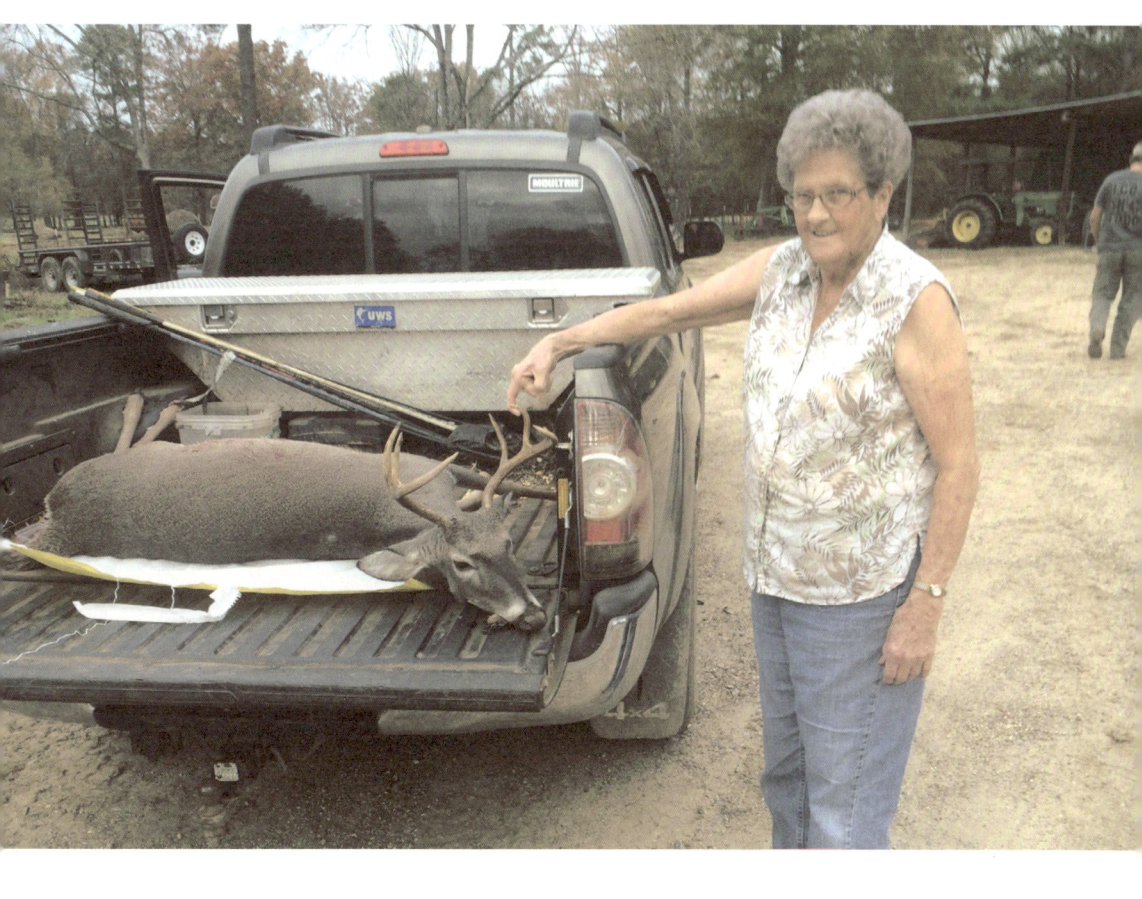

"弯刀"传奇

  当时离开时,还有一整箱油,就没管那么多继续往前开着。越想越乐,跋山涉水想去当牛仔而不得,结果机缘巧合跟着武氏兄弟打下一头鹿。安静躺在副驾座上的鹿角证明这不是我臆想出来的情节,难掩胸中激动,化作油门裹着车轮滚滚前行。也不知开了多久,油箱也快见底了,就在导航里点了最近的加油站。

  一个加油站,名字却叫"飞行员旅行中心",大到离谱,跟停机坪没什么区别。看着招牌,望文生义,心里感慨了一小下。现在,钱包里装着刚拿到手的直升机飞行员执照,两张卡,分别代表私照和商照。这是美帝FAA官方认可的直升机飞行员执照,两年一复训,没有过期时间,往后我都可以合法在全美范围内开直升机。

  大概每个小男孩都曾梦想过当飞行员吧,嘿嘿,可过这么多年还在把小时候的梦想当真,并兜兜转转实现了它的小朋友,不多。很幸运,我是其中之一。

  这个嘚瑟情绪真是一不小心没看住,它都要溜出来自我欣赏。没办法,这就是传说中的满足感了。朋友，你也应该找个梦想试试，实现起来也不是那么难。

视线还是回到加油站吧。谁曾想到，又是误打误撞来的地方，居然内有乾坤。自动门后面别有洞天。这完全是个完美的卡车司机生活中心！进门去，餐馆、大超市、咖啡店、服装店、澡堂子、桑拿房、篮球场、洗衣房、健身中心、游泳池……你能想到的和生活相关的一切，在这里好像都能找到。

已经是凌晨了，这里依然灯火通明。我看愣了，不由得感叹这也太完备了吧。赶紧跑回车里，把近个把月的脏衣服拿来洗。洗衣房很大，投币的，洗衣烘干一体。人们在板凳上坐等衣服洗好直接就可以穿。

我旁边坐了位面相很凶狠的大叔，像极了电影《弯刀》里杀人如麻的丹尼·特乔。他的整条手臂都是文身，感觉一拳就能打死镇关西。这种人自带肃杀气场，被他的眼神扫到都会心里一颤。我也不敢跟他有眼神接触，就兀自坐那儿玩手机看朋友圈。他的声音却像《速度与激情》里的范·迪塞尔，沙哑中透着傲气。

他忽然开口："你是加州人？"

"其实，我是中国人。"我慌忙回答道。

"外面的切诺基是你的？"原来是车牌暴露了来自加州。

"对，我在四处旅行。"我不明所以只好静观其变。

"它挡住我的卡车了。"说罢，弯刀坐直了身体不搭理我了。"噌"一声，我头皮麻了一下，刚才加完油还专门挪好了车，没挡着谁啊。刀哥你是不是弄错了？别吓唬我啊！急忙出门去停车场，我擦，怎么跟刚才不一样了？为何整片停车场全是变形金刚样的卡车，切诺基在中间完全就是玩具大小。原来这个区域只能停卡车，我没注意停过界了，被包围了，现在动弹不得。

回到洗衣房，房间里像有根将气氛拉紧的绳子，我感觉有些尴尬，于是出去买了两听啤酒尝试贿赂一下冷酷杀手。有啤酒开路，我跟刀哥慢慢就熟络起来了。我爸以前就是开卡车的，我弟弟也是一位卡车司机，所以对这个职业很熟悉。弯刀对中国的同行也很好奇，超限、过路过桥费等等他听都没听过，于是话也渐渐多起来。可能是因为聊得挺投机的，弯刀脸上的凶狠之气也渐渐散去，开始跟我聊一些他的故事。

我趁热打铁又去多买了些啤酒，伴着烘干机隆隆的声响聊到半夜，眼前坐着的竟又是一个传奇。可惜美帝没有卖毛豆、卤味、小龙虾的，不然能听到他更多的故事。

他是印第安人，真正的切诺基。他杀过很多人，离过三次婚，坐过十年大狱。他开卡车横穿纵穿了北美洲几百上千次。

弯刀不到二十岁就参军上了越战战场。他说那是美国历史上唯一打输的战争，但他觉得自己那部分是打赢的。他们一个尖刀小队共九人，在战争中，出生入死，个个都是英雄。

他去的时候是战争尾声，但依然很惨烈。那时美国国内民众对这场旷日持久又看不到头的海外战争已经极度不满，十余年的战争线拖得美军已然军心涣散，上上下下都想尽快结束这该死的一切。

弯刀这伙嗜血之徒加入战场之后，却如狼入羊群，逆主旋律而行。他说大大小小的遭遇战打过几十次，手刃敌人百余个。丛林、沼泽、山地、巷战各种奇葩环境都经历过。每场新的战斗都让他兴奋，他甚至用了"party"这个词。说话间眼珠子又扫我一眼，那眼神真的像刀子，让人不寒而栗。我问他杀人什么感觉，他说杀敌越多，他睡得越踏实。

他告诉我最惊心动魄的一次战斗发生在快从越南撤走的前一个月。当时，各方的博弈表面平静实则暗流涌动。美军某指挥所被特种部队奇袭，若干绝密文件被卷走。弯刀小队临危受命必须追回文件。但因为当时形势使然，上峰无法大动干戈支援。这意味着他们九人要深入敌方腹地去追击能够成功奇袭美军大本营的特种部队。

追了三天三夜，对方的实力显然被低估了，这哪里是什么普通部队，分明是一群训练有素的精锐特种兵。他们不敢打草惊蛇，硬是又扛到了半夜才突施冷箭，速战速决，一击即中，拿到文件就迅速撤离。

形势突转，追击者与被追者掉了个个儿。弯刀小队被人数远远多于他们的特种兵追得如丧家之犬。你追我躲，你困我扰，又是拉锯了三天三夜。连滚带爬，总算离接令出发时的营地不远了。深入虎穴未折损一人将文件完好带回，怎么看都是电影里的奇迹。可现实何止电影里那点想象力，命运的导演跟他们开了个大玩笑。

当时美军已经开始集结撤离，大本营已人去楼空。步话机里他们喊不来增援了，上峰让他们再硬扛一百英里去与雇佣兵部队会合。铁汉子们面面相觑，欲哭无泪，在本该有鲜花接应的凯旋门外被包了饺子陷入绝境。我几乎脱口而出为什么不投降啊，却生生咽了下去，怕被他打。弯刀看出我欲言又止，耷拉着眼皮说道："你对战争一无所知。"他自顾自讲道被抓到一定被弄死，因为对方是绝对要抹除关于卷入这场战斗哪怕一丁点证据的。

双方僵持不下，都没有增援，都处在崩溃边缘，都不敢妄动。弯刀却动了，不退反进，迂回切入敌方，以一敌三，展开匕首白刃厮杀。他说那三个人很强，很不好杀，他身上被砍了好多刀，方圆五米到处都是血。他说他再次被痛醒时，从肩胛骨到手肘都被炸开了，骨头支在外面，可那三个人死掉了。

我下意识盯着他满是文身的左臂，细看从肩胛以外全是缝针的痕迹，密密麻麻，文身都遮不住。我听得瞠目结舌，没敢再追问细节。弯刀缓缓地呷口啤酒，他说英军派了架铁鸟来接应。至于他们怎么突破的封锁线，怎么上的飞机，怎么撤离的战场，怎么养的伤，弯刀只字未提。

世界上真的有一种气势不容置疑。这些年饮马四方有无数人在我面前吹过牛，大大小小听来的故事我都在心里默默给他们打折。可在这个洗衣房里的故事，字字泣血，听得我战战兢兢。刀哥我敬您一杯啊，哦，你们不兴敬酒是吧，那我先干了，您随意啊。

"百战沙场碎铁衣,城南已合数重围。突营射杀呼延将,独领残兵千骑归。"从战场回来之后,英雄气短,很快,饷钱就被挥霍一空,第一任老婆也跟毒贩子跑掉了。他给富豪当过保镖,可他看不惯朱门酒肉的做派;他给安保公司干过押运,又怕忍不住监守自盗,抢了黄金换酒钱。真是粗犷如弯刀般的纯爷们儿也要给自己找一个心安处的故乡。他回了切诺基人"少数民族"保留地,可他连同族也一并看不顺眼,老在酒吧打架。他没说为什么进的大狱,我也不敢问,只说十年的时间让他真正

明白做一个自由人的意义。他又结过两次婚，但都维持得不久，有三个女儿，都是医生或律师。

弯刀成为卡车司机似乎是顺理成章的事情，我甚至想象不到他做别的工作会是什么样子。弯刀说他喜欢随时都在路上的感觉，日行千里，横跨整个国家将货物送到约定地点。他不喜欢弯弯绕，他喜欢立一个规矩，然后按规矩做事。他已经跑了十几年，美国加拿大版图都跑遍了，依然乐此不疲。他说卡车对他来说是生活方式，引擎的轰鸣声让他感到踏实。我很难去揣度他的心理，对我们普通人来说，弯刀的经历太过遥远而显得有些不真实。

烘干机的噪音渐小，他的衣服洗好了，弯刀起身去取衣服。我急忙拧开一瓶新酒递过去，想留住他再听点故事。他理也不理，冷冷说道："如果被人知道你在这喝酒，你会有麻烦。"我心想这般传奇人物碰上全凭运气，可不能轻易让他给跑了，便厚着脸皮继续嘿嘿赔笑。弯刀还是冷冷的，不言语，好像刚才根本没有跟我聊过天，搞得我在旁边很尴尬。他把衣服拾掇完毕就一言不发转身出了洗衣房，我拿着啤酒追出门去，看到他路灯下连背影都有生人勿近的威力，赶紧打住。刀哥你真是，你看我酒都开了，你也不把故事讲完……

第二天我醒来的时候整个停车场已经没几辆车了，刀哥早已不知去向。我揉揉惺忪的眼睛，瞧着洗衣房觉得有些恍惚，一闭眼会想起弯刀凶狠的表情和他说骨头被炸到外面的画面。也许他只是个无聊司机随口胡诌些道听途说的故事，也许我听得认真脑补投入太过吧。

管它呢，在漫长的旅途中我时常会想起他的故事。后来，我去了辛辛那提，去了列克星敦，去了大名鼎鼎的大烟山切诺基人保留地，接着走过阿拉巴马、俄亥俄、田纳西、肯塔基、宾夕法尼亚、印第安纳、威斯康森，一路停停走走到了纽约。中途听到好多好多故事，遇到好多好多有趣的人。可每当我想把那些轻松故事写出来的时候脑海里总要浮现弯刀冷冷的脸,多数故事在弯刀面前都会逊色,我们多数人的人生在弯刀面前也有些逊色。无高下,仅关乎离奇。

哦哦,原来真的有人杀人如麻!

我不要
一成不变的人生

纽约纽约

第九章

纽约纽约

冬夜纽约街头，"速度与激情"

到纽约的时候已经天黑了，截至当时，我差不多已经跑了一万公里。从哪个意义上说都已经横穿了美国，也算是有见识的人了，不过纽约还是给了我一个大大的下马威。

万把公里的穿越一分钱过路费都没交过，可是进纽约城的那个桥就被拦着收了二十二刀，够半箱油钱了都。紧接着去停车场，一天又被收了五十五刀停车费，这不抢人吗？然后我在路边临时停下买个吃的，前后五分钟不到，回来被贴个八十六刀的条！最可气的是一不小心拐错个口，开进了一个八刀的收费公路。我一生气不想管它了，反正哥都要回国了，爱咋咋地！结果我在北京落地后，一开机就收到一条银行短信说，扣了我一百〇八刀，落款是纽约政府……请问我可以对着天空讲脏话吗？您帮我转达一下好吗？

初来纽约，就觉得本地气氛不太一样。路上人挤人，都行色匆匆。

什么车让人、车让车这些在美国"应该"的日常已经被完全打破。瞧，第五大道上宾利对着行人狂按喇叭，时代广场大十字路口行人不看红绿灯，行人们仗着人多闷头就走逼停一辆辆正常行驶的车……

谷歌一下果不其然，纽约城人口八百多万。人多就必然大大提高不文明现象的出现频率，这跟在东方西方没关系。再一想，我大重庆三千万人、大北京两千两百万人、上海两千五百万人，咱们也是在大踏步通往高阶文明的路上，素质高的好人跟纽约一样多，无奈基数更大，反面自然也更庞大。

纽约城，我有两位好朋友。女生是个大美女，叫Paige，初中到的美国，因为长得好看所以特别刁蛮。男生叫Michael，成都小伙，来美七八年了，会做生意，月入好几万刀。

我在纽约跟他俩混了一周多，吃他们喝他们住他们的。要是他俩不吵架的话，几乎就是完美的。不过也正是由于这对情侣的疯狂，让我在这纽约的午夜街头多出好多离奇的美好回忆。

他们家住纽约皇后区，蜘蛛侠就是在这个区变身的哟。租的房子靠江，挺大。我跟着导航找到的时候已经晚上十点多了。Paige大小姐来接的我。不过她的接法比较特别，开着车从小区里出来挡住感应的自动大门，我从她对面开进去。在两车交错那一刹那，她略转头，眼神犀利，表情冷酷地给我报了串数字，我很镇定假装很懂的样子微微一颔首，然后她一脚油门驶出大门消失在夜色里。整个画面像极了007里交易情报信息的情节，冷静而专业，丝毫不废话。

再往里开，我觉得不该飙这场冷酷对手戏。这串数字不是直接的门牌号，进去就蒙了，一时分不清东南西北，不知该往何处走。

此时，是纽约冬天的晚上，冻手冻脚，而我只穿了个单衣裳，鼻涕冻得像双龙出洞般根本刹不住车。这么大人了，又不好意思像小孩一样旁若无人地吸回去，自己这关过不了啊。

凭感觉走到二楼，左右两户。男左女右，我选了右边这家。犹豫再三，手举起来又放下，不敢敲门。大半夜敲错门这可咋整。正准备把心一横，管它的，先把鼻涕吸回去再说时，门开了。Michael 穿个睡袍跟我寒暄，说半天没见我上来就出来看看。我羞辱他又长胖了，他问我怎么鼻音有点重。我呵呵一下，fiu 一声，把鼻涕吸了回去。

果然他们是刚吵完架，大小姐摔门而出。M 想去追吧，还得跟我接头。得，那拿酒喝吧。

小情侣之间平常吵架还能为啥事，不就是你没考虑我的感受啊，你哪句无意的话在我听来相当炸耳啊，我付出比你多啊，你到底爱不爱我，为什么老盯着旁边那个穿超短裙的女人看啊，等等之类。凡是吵架你都往这上面套，很少有大是大非的原则错误。日常的拌嘴基本都是这些个鸡毛蒜皮，关键是身在其中处在气头上，就是怎么都想不通。

M 现在就是这个状态。反正我把电视里劝人的那些话轮番说了一遍，引得他频频举杯深表同意。其实我的成长经历里啊，感情也老是出遗憾，M 对此也多少知道一点。一顿互相倾诉下来，一瓶金方就见底了。

本来酒逢知己千杯少，再加上他乡能遇故知，平时也不怎么喜欢喝酒的我俩，今晚要喝个痛快，一醉方睡。M 说再去搞点，将进酒，杯莫停。我当然客随主便说好，想的是小区小卖部再拿两瓶上来喝就是了。下楼看他把车库摁开，我说啥情况，这咋还开上车了。我还是太单纯，哪有什么小卖部，开车起码二十分钟才找到一个洋酒专卖店。奇怪一路上怎么没有查酒驾的。又拿了三瓶洋酒，晕乎乎的我也懒得去细认，想必不会便宜。临走他又抓了一瓶粉红色起泡酒，我说啥呀这么娘。他说这是 Paige 喜欢喝的，拿回去给大小姐备上。嘿，这小子，喝醉了，当事人都不在，还不忘表忠心。

回家继续，搞了些坚果，配上洋酒解千愁。越聊越投机，又是大半瓶威士忌。行走江湖，路遇情侣斗气，当然是劝和不劝散，对不对？说来也奇怪，男女吵架，男生的兄弟几乎都会劝说，喝点收拾好了，赶紧赔礼道歉吧。人家挺好的，要珍惜，过这村就没这店了。而女生的闺蜜往往会说该分开，比他好的男人多的是，不将就，别委屈自己。你想想是不是这种情况。男女的逻辑思考方式，差别就是这么巨大。

眼看着第二瓶威士忌也要见底了，我俩都各自心惊，心里默默有个声音在诧异："咦，怎么今天酒量这么好，完全喝不醉呢？"已经到深夜一点多了，M终于接受了我一直强调的观点"Paige长得乖，该她歪"，成都话，反正就是让他道歉和好，别顶牛的意思。再结合我自己错过的遗憾，导致现在都不想勉强跟任何人谈恋爱的状态，血淋淋的亲身经历还是有震慑力的。他问我错过一个人真的会在心里纠结那么久吗，我不知道怎么去描述，试问后来遇到的人，都不及她十分之一，又怎能说服自己心甘情愿将就呢？

对坐无话，M拿出一盒中华，大洋彼岸还能见到这烟实属难得。可惜我已经戒烟很久，摆摆手表示不抽。趁酒意，M恶趣味上来，非要给我点上，拗不过，只好夹在指尖。看着香烟袅袅燃烧，屋子里突然陷入一种异样的安静，直到一阵急促的电话铃响起。Paige大小姐终于在深夜两点多有消息了。

直到现在，我还在后悔，当时为什么会跟M出门上演那场速度与激情。电话那头的大小姐在外面已经吃完一顿大餐看完一场电影了，但还在生气，M怎么道歉都没有用，就是不回家。而一晚上我对M的开导劝解又好像劝过头了点，M生怕就在今晚永远失去了大小姐。于是他拉着我在喝了两瓶威士忌的情况下，非要开车出门大海捞针，满纽约找他女朋友。

中途的寻找过程，已经模糊了，我就记得M不停地打电话，又不停地被挂断。他愈来愈抓狂。终于在不知道过了多久后，M一声兴奋地大喊，Paige！大小姐的那辆白色奥迪停在路边。我以为今晚的疯狂终于该画上大团圆句号了吧。无奈，呵呵，你太小看人物设定"特别刁蛮"这四个字了。

M在大小姐窗边说着什么，内容并不重要，按常理应该是解释吧，我猜。但大小姐理解，这显然是在狡辩！突然说翻脸就翻脸了，一脚油门踩到底，轮胎与地面急速摩擦发出非常刺耳的声音，白色奥迪像脱缰野马咆哮着奔腾出去。M显然没有心理准备，差点儿被带一个趔趄，骂骂咧咧跑过来乒一声把车门一摔，就开追！

凌晨三四点的纽约街头，两个车，你追我赶。我瞥了一眼时速，九十英里。什么停车标，什么红灯，什么十字路口，什么单行道，统统不管了……这俩人都是疯子！此时要是有个直升机从天上俯瞰，肯定以为这是黑帮在火拼，就差互相甩盘子别车了。啥呀这是，吵个架一定要把全纽约都吵醒吗？你们难道不怕蜘蛛侠吗？你不知道当时的我是多么想跳车逃走……

然而这并不是高潮。

高潮是警察来了！

我隐约看见后面有蓝红交错的灯在闪，拉了拉M的胳膊让他看。他看看后视镜后，大喊了一声！猛打方向左转，过了个路口，他把车速放慢了下来。我问他，是要放弃抵抗自首了吗？他说不，放慢点是让警察来追他而不去追Paige……大哥你醒醒啊，咱俩是醉驾啊，牢底坐穿啊，你一定要这么入戏吗？我招谁惹谁了啊？要死了要死了。

警察真的追上来了，鸣笛了，赶紧靠边停啊。完了完了，我可以转做污点证人吗？警察又摁了下喇叭，听起来好像是在做最后警告，马上就要向我们开炮了的感觉。M却表现得很冷静，小胖的脸上泛着一层油光，隔着眼镜，所以也看不见他的眼睛到底有没有神，唯一可以确定的是我们俩的酒都被吓醒了。他把挡位调了一下，那一脚油门蹬死，加速度立马飙上来，人像被焊在了椅背上，时速噌噌噌就跳上去。每换一个挡就呲一声，是泄压阀的声音。几个挡位一换，警车已经被落得有些距离。警察也火了，挂上警报跟着追。

M哥此时就像是武侠小说里那种武功很高但为人却很讨厌，每出一招都要自己给自己补旁白的那种人。他缓缓道："此车双涡轮增压，五百一十八匹轮上马力，碳纤维尾翼车头盖……"反正我也听不懂，我说能跑掉吗，他说现在还不能，我说得判多少年，他扒开手刹旁边一个带盖子的按钮摁下，又一按方向盘上一个键，这是真的，跑跑卡丁车做的那种特效是真的……

我们甩掉了警察，把车藏进港口的一个集装箱里。后背全是汗，M拿螺丝刀把车牌卸下来，换上另一幅。我说大哥你黑社会啊，到底是什么身份？他说你好，我是一个车贩子，改装车挣钱。我说你以前甩掉过警察吗？他说想都不敢想……要是杀人不犯法，我真的会杀他两个小时！

换了辆车开回他家。半小时后，大小姐也回来了。一番舌战俩人终于重归于好。我站在二楼看着相拥的他俩百感交集，闹啥呀，天都快亮了。

这纽约，真不是盖的，一来就像电影，还是狂暴动作电影。对于今天晚上的事，我绝对不想再经历第二次，或者说以后的人生里再有今晚这种疯狂的苗头，哪怕有一丝征兆，我都会坚定地站出来举手说不。

但此情此景，又像极了火爆动作电影里的尾声，竟然有一丝莫名其妙的温馨。我想到了那句"不疯魔，不成活"。他们的爱情是横冲直撞，是不管一切规则，是疯狂的大起大落。我只是一个不速之客，跌跌撞撞，刚好在今晚闯进他们的时间线，见证了这一幕。真希望这相拥的画面能就此定格，取下来让你们看看，它足以在寒夜给你们带来温暖。能在一起的两个人就好好在一起吧，别闹了。在每一个大大小小的十字路口，都有可能走丢。那么，就请牵牢对方的手吧。

NO.9　纽约纽约

西点军校

第二天睡到中午，前一晚的街头亡命飞车还惊魂未定，所以断断不敢让这疯魔的两人组织什么项目，让他俩先缓缓再说吧。我打电话给另一位在加州就认识的好朋友 Echo Lee。以前就经常一起玩，或者说在加州的时候她经常看我一个人傻兮兮的，常带我玩儿。

让我们先对 Echo 进行下简单的介绍吧。咋说呢？她发育特别好。以下我们就简称她为 E 姐吧。E 姐说她原籍 H 省，我问湖南？E 姐大笑道是湖建啦！

正好这几天她休假飞来纽约看望她奶奶。我问约吗，她让我滚！但 E 姐还是准时出现了。她高中是在纽约上的，所以对此宝地倍儿熟，列举出一系列不到此处就相当于没来过纽约的项目，比如登自由女神像啊，爬帝国大厦看夜景啊，坐船两江游啊之类，我都很高冷地轻轻摇头。Echo 姐脾气火暴，又让我滚，还说给她滚远点。

E 姐问我，到底想干吗？我露出了个"你懂的"猥琐笑容，毫无意外，又吃了一记白眼。我说，你知道西点军校吗？她问，就是那个出过很多将军的军校？我说对。正是出了三千七百多位将星，还出了两位总统，并且出过麦克阿瑟、艾森豪威尔、巴顿将军等等人类历史上最会打架的男人们，当之无愧的地表最强军校。

说实话，我对军校始终有一种情结。在美国去了那么多大学闲逛，哈佛、麻省理工学院、加州大学洛杉矶分校、华盛顿大学，这些如雷贯耳的一流大学我都在里面游走过一天以上，还是只有西点值得单独提出来写。我总结，男孩子嘛，小时候总有一种亲爱精诚的志向，一种"神州大陆奇男子，携手去从军，练成铁壁担重任"的美好抱负。而西点，要算这个星球上军校中的霍格沃兹了。

从纽约去西点大概要开一个多小时，我们有一搭没一搭地聊着天。车过一个野湖就该拐下高速了。道路渐行渐窄，我们在山谷里继续穿行。

西点俨然是一个小城镇。美国大学的一贯作风，校园和城镇相互交融，没有明显的界线。可毕竟是军校，有岗哨。所谓的门卫，特战队员般装扮，荷枪实弹，面貌威严。一番盘查看过证件，将引擎盖和后备厢都要打开仔细检查后才放行。听说这是"9·11"之后新增加的程序。

我们开车在校园里面瞎逛。看着有个大湖就下来拍照，拍着拍着我觉得很弱智，这湖从外形上看跟其他湖能有什么不同？赶紧掏出手机现谷歌了一下，原来这就是大名鼎鼎的哈德逊河，专门用来训练学员水上作战项目的。此湖海拔较高，水流量大且急，结合山地、密林等多种地形，能有效模拟出登陆、水上作战等训练要求。

看吧，这就是不做攻略的后果，要不知道这些背后的故事，光在一个湖上傻拍照有什么劲？而且这不查谷歌不知道，一谷吓一跳。我连着打开好几个帖子，都说西点不让自行游览，必须统一坐导游车，还不让随便拍照。我就纳了闷了，刚才荷枪实弹的大哥也没说啥呀，难道又是哥爆表的颜值起了作用？不会不会。应该是E姐美国人的身份在起作用吧，我也不知道。

因为出发得晚，所以天色已经有些暗了。冬天的纽约，下午四点半，太阳就要早早地退下山了，让人难以接受。好在我们先溜进了博物馆，两百多年的校史，将星闪耀，熠熠生辉，已经可以给这个博物馆提供足够多值得自夸的馆藏。一路看下来，崇敬之情更生。这所学校，真的是在人类历史的发展中起到了举足轻重的作用。它培养的毕业生，不止有捭阖天下、横刀立马的军事将领，还有天才画家、忧郁诗人及巴拿马运河的总工程师，他们甚至推动修改法案允许军官"拒绝服从非法命令"。

西点博物馆极其细致地展示了人类武器、战法发展轨迹。值得一提的是博物馆藏有二战结束时的日本投降书，中国作为战胜国有徐永昌代表签字。

出了博物馆，天已经差不多黑了。我和 E 姐徒步闲逛。美国大学的校园跟我们原本认识中的校园差别真的好大：一是真的很大；二是建筑都很有特色，与自然景物相映成趣，让人身心愉悦。

按理说，传说中的西点军校应该是刻板无情扑克脸，上传下达令行禁止才对。威严杀气呢？为什么三三两两偶尔碰到的学员，未来的美军军官们都很好的样子，还主动跟我们问好，一点都没有"旅游区"人民群众对游客的天然敌意。

远处一大波学员都从一条路坡上下来，我掐指一算，逆流而上坡的话必然有热闹可看。果然不出我所料，上完坡就是一个硕大的橄榄球体育场。场边好几个超级大的货柜车一字排开，货柜上面画的是西点橄榄球队明星球员的狂野巨大肖像。体育场灯火通明，人头攒动。在远处，有一个硕大的电子记分牌，上面简单粗暴打了个标语："GO ARMY, BEAT NAVY.①" 我一看傻了，这什么情况？顺着电子屏横扫过来，从体育馆最高处垂下来一块篮球场那么大的标语，语言风格更霸气："GO ARMY,

---

① 句意：加油陆军，击败海军。

SINK NAVY, BEAT DOWN AIRFORCE.①"

赶紧拉住两位小鲜肉迷彩路人学员，E姐把胸一挺问道："这是有什么有趣的事情要发生了吗？"两位准栋梁向我们解惑道："一年一度的海军学院和陆军学院（西点）的橄榄球争霸赛要开始了。这比赛延续了百余年，年年声势如此，对两方学校来说，都是必须赢下的比赛。西点这边的口号是'GO ARMY, BEAT NAVY'，空军是无辜的，但也要捎带手把他们收拾了！"嘿，这城里的洋人，更会玩儿。

想想我们从小到大打篮球，进场时都要很假惺惺很做作地喊向对方学习，打到最关键时刻吧，啦啦队要齐声大喊友谊第一比赛第二。哎哟，那我这球是投进还是不投进？看人家比赛，一来就说要干倒你，多耿直。每年学员们都会为了这场争霸赛咬牙切齿地准备很久，还是为了那份荣誉。有的东西我们无法理解，但得心存敬畏。对军人来说，与生俱来的就是荣誉吧，他们捍卫的尊严正是让家人为之骄傲的精神。

与两位声音低沉但是非常健谈的未来栋梁作别，我们又沿着体育场逛了一大圈，真的很有气氛，把闹着玩当成一件头等正事来办，参与其中也会有种莫名的成就感吧。

继续沿着刚才上来的坡往前走，一个非常漂亮的大教堂出现在我们眼前。正纳闷为什么军校里面会有宗教场所，E姐缓缓开口道："西点军校里共有七所风格不同的教堂供不同信仰的学生使用，现在我们眼前这座宏伟的教堂是西点军校学员主教堂，可容纳一千多人，由西点各级毕业生作为礼物捐助母校的。"我不禁侧目，用相当狐疑的眼神上下打量着E姐，按理说女人这么大的胸是不可能有脑子记住这些的！于是我问："你现谷歌的？" E姐熟练地飞了个白眼说："姐编的！"我一口盐汽水差点呛死，这么一本正经胡说八道，大姐你也看暴走漫画是吧？

---

①句意：加油陆军，击沉海军，打败空军。

E姐神秘一笑，顿了顿补充道："其实这也不是胡编，美国的大学校园都至少会有一座教堂，而教堂、图书馆等等基本上都是由本校毕业生捐助来的。"原来如此，这一局竟让E姐占了上风。

　　我不服气，准备靠机智扳回一城。刚才她提到图书馆，我就顺着话茬问道："你知道巴顿将军吗？巴顿当年在西点读了五年才毕业，什么概念，留级了呀，哈哈，后来成为将军后记者采访他怎么回事啊，学习不好啊，留级？将军微微一耸肩，幽默地回应道：'我找不到图书馆在哪儿。'于是更幽默的西点人索性将巴顿将军手拿望远镜的雕像塑在了图书馆门口……"E姐听呆了。

　　我骄傲地做出一副哥就是这么渊博的表情，决定一鼓作气再震一震她。我问她："你知道第一位毕业于西点军校的亚洲人是谁吗？"E姐大眼睛忽闪忽闪地试探着回答道："宋仲基？" 罢了罢了，不重要，我怎么会问女生这样的问题。

　　继续在校园里逛，太大，加上此时天已经黑透了，我和E姐打算结束这一天的斗嘴，打道回大纽约了。呵呵，可是我们找不到车了，准确地说，是迷路了。按正常思维，迷路都会很暴躁焦急，对不对？好在我跟E姐都是性情中人，既来之则安之，既然冥冥中有位神仙安排我们在异国他乡的军校迷路，想必总有他老人家做此安排的道理。那我们就再继续闲逛一下喽，那么着急破解神仙老人家好心做的局干什么？我们甚至故意把步子放慢了些，试图让画面的每一帧都过得更柔和一点。

　　这心一静啊，月亮就升了起来。月光把目力所及的一切都镀上了层银晕，军校竟变得浪漫起来。我温柔地望向E姐，E姐转过头恶狠狠地盯着我说："别说话，不约！"我没说话，抬头看苍天，老神仙，你管不管？

　　一路打打闹闹，回到停车场。E姐主动要求开车，这敢情好。我已经长途奔袭了一万多公里，对开车已经有了一丝倦意，生怕她反悔似的，我赶紧坐上副驾。E姐熟门熟路坡道起步,又跟门口有枪有炮的"岗哨"微笑点头感谢,我也很傻地透过窗户感觉自己很酷地给他们甩了个美式敬礼。两位大哥点个赞,顺口说道"度过一个美好的夜晚",我从座椅上弹起边甩头边大声喊:"我尽力了兄弟,但是……我尽力了。"E姐嫌我丢人,赶紧关窗户走人。

NewYork City

后面好几天，我都独自在纽约闲逛。不敢开车，交不起那停车费，坐地铁倒是非常方便，而且不堵。他们的公交地铁发展到什么程度呢？精确到分钟，不光地铁能准确预报时间，公交站牌每路车下面都有一个时间表，14点32分，14点39分……所以去等公交车的时候不会很焦急，也不会心里没底度日如年。

我先去的中央公园。坐地铁直接就在中央公园站下。这跟我们成都人民公园有点像，都是地铁直达。人民公园出来就是一排老妈蹄花，每家都号称自己才是正宗的。想想都流口水，毕竟一整年没有吃到正宗川菜了。

我这个人平时对吃的毫不讲究，给啥吃啥，所以很难理解朋友圈有些朋友度假去一些国外旅游岛，不去尝当地的美味，一下飞机就去找中餐馆，点完餐就说人家不正宗，度假两天就喊受不了要回去吃火锅的行为。直到今天在纽约中央公园，不知道脑子里哪根线没搭对居然联想到了老妈蹄花，咱真是舌尖上的中国人啊！

横穿过中央公园，就是美国自然博物馆。你看啊，在纽约我去过现代艺术博物馆,去过大都会,去过中央车站,去过百老汇,去过时代广场,可我为什么只说自然博物馆呢?因为它实在是被严重低估了!看过《博物馆奇妙夜》没?一进去你就可以看到两只电影里出现过的复活恐龙大骨架。旁边是售票处,平时二十二美金的门票。我去那天是周三还是周四,接受捐赠,就是门票你随意看着给就行!我泱泱大国以礼安天下,岂会占这些小便宜?我拿出一张十刀开始排队,看着前面队伍里老外怎么都不害臊只给两三刀就进去了,于是哥果断调整思路,师夷长技以制夷,不着痕迹地反手掏出张一刀的。是的,旅行中又一项奇妙能力,就是这么细致地观察学习,与时俱进。

真的要严肃推荐,以后去到纽约的朋友一定要去自然历史博物馆。相对于你肯定会去的大都会和现代艺术博物馆,这里更有直观震撼感。那些动物标本,比动物园里那些懒懒散散不愿意上班只晒太阳的真动物还要真实。它们的标本精致到什么程度呢?举个例子,有个金丝猴的橱窗吧,这些细致到变态的工作人员,不但收集了男猴、女猴、娃娃猴、隔壁老王猴、热心大娘猴,他们还给猴们搭建了个场景,各猴神态各异,完全就是从它们真实的生活中截取下来的片段!背景画得很庞大,很3D。最让人叫绝的是他们考察到这种金丝猴只爬杉树,小猴儿爬的那个树枝,就是千里迢迢从云南边境上弄过来的,就几根小树枝而已!太严谨了这些人!这馆里估计有上万个这样的场景,都这么弄的。

博物馆一共五层,有按年代分的馆,也有按地区分的馆。非洲馆还原度极高,简直是真实3D版动物世界。大象带着自己的家人在走,斑马三三两两地在聊天,一群傻鹿在吃草,耳朵立着的羚羊在喝水……草丛的草有一些干枯,几只母狮子伏低身子从不同方位在包围猎物,表情严肃。远处的公狮子仪态威严,帅到无以复加,冷冷地看着它的王国……我被震撼到半天说不出话,张大个嘴巴看着眼前这一切。赵忠祥老师,你来这儿给它们配个音好吗?动物们都准备好了,就差您啦。

陨石馆最让我神往，都是飞火流星来的啊！当初飞来地球时，我们祖先中肯定有人对着它们许过愿的。馆藏有一个三十一吨的陨石，硕大无比。亲眼看到来自太空的星星，也不知道它们有没有蕴含一些神秘力量，哪天传给来参观的有缘人。

大半天泡在博物馆，都还只能算走马观花。出得馆来已经有些饿了，路边有很多快餐车，买了一个也不知道怎么称呼的食物，坐在马路对面长椅上边吃边休息。

博物馆门口中间有个宏伟的雕像，罗斯福总统一身戎装骑在高头大马上。正是这位总统一手促成了这座博物馆的筹建，并完整地提出了有关保护、利用和开发自然资源等主张。一国之总统啊，居然身体力行做保护自然的工作。

坐在长椅上继续休息放空瞎想。旁边有位街头艺人将琴弦调好，摆开架势，小提琴版本的《卡农》，跟那次在洛杉矶看飞艇时的音符一模一样。阳光从树梢上撒下来，一切正好，真是快乐的一天啊，比午夜街头飞车靠谱多了。感谢今天给我带来快乐的美国自然博物馆！

很不喜欢好多人一提到科技馆、自然馆就说："哇，那个地方真好，适合带孩子来玩。"这是干吗？大人也是需要好奇心和求知欲的。带孩子玩，孩子问你："爸爸，那个熊是什么熊？"你一问三不知。那孩子能感觉到什么乐趣？

总是想当然地思考问题是不对的。就像那句"三十而立，四十不惑，五十知天命"，不知误导了多少人。这些对人生阶段论的总结有很深的智慧性，我承认。但并不代表这是个精确的刻度表，一定要按着这个度数走。

人跟人有异，鸟与鸟不同，不随大流的人要心有底气。他们说生活就是在不断地磨平你的棱角，让你日趋成熟。可我理解的成熟不是那些疲于应酬面目可憎的傻大人，以为周围的日常就是整个世界，然后面无表情心如死灰地去重复前一天的生活。我不要当那样的人！你也不要当。对这个世界没有了好奇心最可怕，让我们保持有对喜欢的人和事怦然心动的能力。

好，我知道上面这些话写得很有道理，需要咀嚼。但是不要停，让我们继续嗨起来。谷歌地图在外国是真心好用，你只要有门牌号就肯定能找到，哪怕是在大城市里。

与美国自然历史博物馆遥遥相对的就是大名鼎鼎的大都会。往南走没多远就是那些时尚编辑奉为圣地的第五大道，紧贴着时代广场，好像经常有人在那里花钱打爱国广告。哎，我看哪，时代广场那么多块显示屏，一天二十四小时都不停地放广告的……再往南走就是金融才子奉为圣地的华尔街，总共五百来米，相当普通。但我知道在这条街上西装革履走路的人都不好惹，搞不好那个咖啡都拿得不太稳的大叔今天的工作就是颠覆我们世界的经济。

继续往南就到了海边，这种大城市的海边是不会有沙滩的。太阳快落下去了，我沿着海岸线走走停停，路上碰到好多有意思的人。

走着走着，看见远处海面太阳还在往下沉，把大片天染红。海风把低低的云吹得像马鬃一样轻盈飘逸，水天相接处根本是一条线。自由女神朦朦胧胧，立在海岛中央。

继续往前，遇见一些情侣，他们静静地看夕阳，仿佛融入了这幅临时的油画。也有位男生背靠栏杆讲笑话，逗得女生咯咯笑。还有对老夫妇，头发花白，坐在长椅上，老太太把头轻靠在老爷爷肩膀。我从背后经过，不禁停下来望向他们，嘴角又一次自然地向上翘起来。好幸福的画面，心里好暖。

有一种老头子是酷酷的,没有人能够看到他柔软的一面。如果我爸还在的话,应该就是这种。而我老了要当眼前长椅上这种老头,老了也要浪漫一些,抓着她的手看夕阳。

我找了个空长椅坐下发呆。如果人生是在某位"上帝导演"的操控下搭建场景遇见未知,那么我要好好地感谢他老人家,让我能够看到这么美的一切。

漫长的旅程已逐渐接近尾声,说实话,身心都有了一点点倦意。一种状态持续久了,就会觉得不自由,哪怕这种状态本身叫作自由。很拗口,但事实却是如此,不只贱人才矫情哪,咱们山里人有时候也会。

　　脚下海风把海浪卷起，一阵阵拍在岸边。鼻头吹得有些凉，把围巾裹一下。一抬头，整片天都红了，像是一个奇观。不知道纽约人是如何平静地面对每天的夕阳的，反正我好想大喊大叫，好美啊！！

　　天上马鬃般的云彩收工回家了。背后的纽约华灯初上，万家灯火里的每一盏背后都是故事吧。眼前曼哈顿参差的高楼组成新的天际线。近处是灯光，远处是星光。我转过头静静地看着周围的美好，此刻，我人在纽约，看着眼前的生活像一出彩色默片，在用心雕刻着时光，这可能就是许巍唱的美好生活了。

我不要一成不变的人生

前方波士顿

第十章

前方波士顿

To Boston

从纽约到波士顿这段我没有开车。近两个月的独自长途奔袭是很疲惫的，换个工具来收尾也蛮不错的。M 哥帮我订的大巴，二楼全景天窗，高速无线网络，体验很妙。

曼哈顿出发到波士顿，老实说我们很多县级巴士站都远比他们洲际的气派。行李员会索要小费，不要给太多，否则驾驶员会用不平衡的眼神盯着你。

M 和 Paige 一齐来送我。Echo 姐在来的路上居然遇到地铁抛锚，她赶到时大巴已缓缓开动。好像并没有依依不舍，我隔着玻璃跟他们仨挥手告别，发现之前互不认识的三人早已愉快地交谈起来。

大巴车转上大道，汇入纽约街头的车流，走走停停。中央车站、麦迪逊花园、哈德逊河、联合国大厦、大教堂都向后缓缓流过。出了城区上得高速，要花四小时才到波士顿。

本想很文艺地把头靠在车窗上，但那样做脑袋会被震成脑震荡的。

还好整车旅客不多，前后都没人，我就把椅背放倒，跟头等舱似的。我耷拉着眼从二楼看窗外倒退的景色，以前坐滑竿的老太爷应该就是这种体验了。

且得开一会儿，把耳机戴上。这俩月不间断穿行的那一百多首背景音乐在耳边响起。音乐就是这么奇妙，总能引起人的共鸣。耳朵里传来的歌曲回荡在心田中，总能让我闪回那时那地那景。

《第三极》前奏一来，眼前就浮现出在1号公路吹着海风，沐浴阳光，头手都伸出窗外的画面，风把头发吹得很乱。《在冬天和奶奶一起晒太阳》是在田纳西的一个山谷，空气凛冽，呼吸都冷，可刚开两步，突然就像有神仙在天庭端了一盆阳光直接照头泼下来！《理想三旬》，哇，陈鸿宇给你娓娓念诗，声音温暖浪漫，配上AZ州自己一辆车霸占整条路的画面，我确定当下所进行的就是诗和远方！《南方姑娘》，哟喂，那是在德州四处乱窜找牧场，又生气又不甘心，听到旋律，在半夜又想过去的状态。《白兰鸽巡游记》是在半夜，传奇的66号公路上清冷寂静，副驾有位小郭襄。《好好地》返老还童朴师傅的歌声让我沉醉，在沙漠里听着他的歌，坐在车顶吃蔬菜沙拉，可以把声音开很大，一个人欢乐得没心没肺。

《空白格》听不得，《山丘》要感慨，还是民谣好。《吉姆餐厅》《安河桥北》……歌曲一百首，首首都是心头好，有机会我会分享给你。你也要尝试在旅行中反复听一些歌。这样旋律再响起，哪怕时间过久了，也能一下拉回当时那刻。

听着那些熟悉的歌，看着天发呆，在大巴上竟然没有睡大觉。旅行快要结束了，心里好像有些不舍。既然决定了还是要回国闯荡，那么总不能一直晃荡，间隔年也差不多了。

眼看着过几天就是自己生日，那就在生日这天回国吧。时差红利，连着四十八小时都算是生日。而且航班上他们也要给过生日的旅客一些小惊喜，加上行话切口，升个商务舱嘛，嘿嘿。

  大巴车稳稳往前开，我坐在车上思绪万千，心里盘算着又穿过了一州。这次的路线也没有专门设计，一路观星象，抛硬币定航向，踏歌前行，竟是从西南海岸穿到东北。两个月一晃而过，再倒回去一次，自己也未必能重复已有的故事，太多值得反复咀嚼的感受，四小时的车程哪里够消化。只是突然觉得奔袭三万里这种看似好壮阔的事情，好像我也可以做到呢，正飘飘然着，大巴缓缓进站，波士顿到了！

Hi Boston

这是一个青旅的名字,挺有名,也是在纽约时提前订的,不然临了没有铺位。在美国唯一住的一次青旅,与 Airbnb 不同的是青旅更像个集散地。一大波跟你一样有趣的人都在这里出没,没准有几个能成为真朋友,体验很棒。

它的位置在市中心,地铁公交都很方便。冬天一推门进去就能感到一股温暖。无线网络在一楼信号最好,于是大家都不在房间窝着。大厅里有暖气,可壁炉里还是烧着柴火,沙发很软很舒服。来自世界各地的我们在这里互相认识,嘻嘻哈哈讲一些关于在美国旅行的趣事。

这家青旅每天晚上都有主题活动,如周一会带住客去参加城市历史自由之路,周二去哈佛、麻省理工一日游,周三怀旧老电影等等。每天不同,店家都是免费提供项目,参不参加在你。

我去的那天刚好是酒吧之夜。晚上八点半,义工带我们去最好玩的几家酒吧认地标,风格各不相同,去哪家玩自己决定。我们一行六人。

两位即将来麻省上研究生的理工男，比较腼腆。一位很时尚的英国黑人小哥，看起来像文过眉毛。一位德国女生，很漂亮，全酒吧的男人都盯着她看。还有一位来自德州牧场的小哥，格子衬衫下肌肉隆起，是那晚的核心人物，带领我们几进几出波士顿各个酒吧。我在他们中间，说话较少，可异域风情最浓！

在去酒吧的一路上，大家已经聊得比较熟了。进去酒吧，一伙人各管各，拿到酒了再相逢。除了第一下大家高举英雄杯，尔后都自斟自饮，背景音乐吵闹程度聊天恰恰好。这种酒喝起来最开心，不用讲究那套手拿酒瓶低弯腰给领导倒，也不用费心想什么说辞去碰杯，想喝就端起来抿一口。咱们的酒桌文化全在面子上，宾主都累，有时候该学学老外简单点。

一进酒吧，那个好看到让人有距离感的德国女生立马吸引住了众人的目光。她还在上大学，今早刚入境美国，明天就要去俄罗斯。她的兼职工作是帮世界各地的土豪人肉空运宠物。那些身价不菲的小狗小猫跟着她跨越地球去与主人见面，而她则环游了世界还有钱拿。不光是我，麻省理工的研究生们也对这个神奇的兼职闻所未闻，惊讶得张大嘴巴。文眉小黑也把身体转向美女妩媚地问这是否合法。大美女笑而不语。只有德州小哥依然镇定自若，自顾自喝酒，俨然一副高手做派。他眼睛扫视着全场，时不时与人遥遥举杯一下。

我们一桌人很欢乐，得知我刚刚完成横穿美国的自驾，一群人又咿咿呀呀为公路旅行举杯。嘻嘻哈哈半晚上很快就过去了。

那晚喝了好几杯，可离喝醉还差得远。我顶羡慕那些在酒吧里能够和陌生女生侃侃而谈的人，很想知道他们聊的是什么话题，学到手的话行走江湖又是一大利器。德州小哥后来告诉了我秘诀，他每到一个新地方总能在酒吧成功搭讪，开篇点出自己是外地来的，以对此地不熟为切入点，见招拆招引申聊开去，穿插着幽默引导女生多说话……我听着好想拿笔记本记下来，绝对真正良心总结干货。

小哥还当场给我们示范，随手拉一个路过的女生也能聊半天。我和麻省理工研究生面面相觑。果真三人行必有我师，一派名家！妹子走后，小哥缓缓转过头来看着我们，像刚打完一套拳法示范给徒弟们看的老师傅，那气魄之从容，我忍不住想过去给他看茶。

小哥宗师极严，要求我们每位弟子都要活学活用并实操总结。那晚带领我们三进三出，午夜冷清的街头只有我们几个初闻神功的江湖新人咕嘟咕嘟滚着热血。美国室内一般禁烟，小哥把话撂下说出去抽根烟，回来时身旁有妹子聊天的弟子才有资格跟他去下一家酒吧。我和两位麻省理工研究生就现学现用拉人聊天……不得不说真挺好玩的。半晚上没闲着，终于破解了酒吧如何与人搭讪聊天的千古之谜……嘿嘿，没想到快离开时还能学到一门真手艺。

继续在 Hi Boston 与那帮有趣的人瞎混了好几天。每天都有新鲜面孔来这个城市入住这家青旅。推门而进的人，面上都有些风尘仆仆，原来你并不是那么特别，热爱旅行的人是如此之多。每天同样还有渐渐熟悉的面孔悄然离开，或与三五新结识的朋友组队，或独自背包推门而出，没有依依不舍的送别，没有西出阳关的感慨。这一大波人五湖四海的时间线只是在这里有了一个短暂的集散。

Bye America

酒吧的聊天搭讪已经是昨日之日，我也要回家了。还是大海航的航班，对忽悠航还是有感情的。Skytrax 五星的航空公司全球仅有七家，很有幸给它家当过几年长工。感谢它曾愿意接纳一个市场营销专业的大学生来做乘务长兼安全员，还发挺多钱。

今天是我北京时间生日，离职近一年居然还收到了公司的问候短信，我知道这只是系统管理员忘记将我的手机号剔除出去而已，可还是有一丝温暖，人总是需要归属感的。隔天是美国当地时间的生日，青旅直接给我免了一晚房费，办机票等一切手续都跟着沾光顺利得很，肯定又会是一次舒适的乘机体验。

手续基本上弄妥了，最后一天逗留在此地，得想一想怎么过得有意义点。我才不会去买那些纪念品，一点都不酷。试想大包小包土特产拎着，怎么好意思去跟空姐对切口聊升舱。哪怕你的朋友们回去抱怨都不要把旅行搞得臃肿，清清爽爽的，比较好。

我去了哈佛，既然决定只待最后一天了，那就让我在知识的海洋里徜徉着过吧！早上就到了，真是徜徉了一整天。哈佛很大，我跑去信息中心报名参加校园游览介绍，每个整点出发，由哈佛的学生带领绕着学校参观。这比自己瞎溜达有趣多了。

事实上，美国很多有名的博物馆或者大学都有应用，你可以下载下来跟着介绍走。可我还是觉得跟着校园观光最好，没那么冷冰冰。带我们的学生长得有些像青旅的德州小哥，说话声音干脆干练。他给大家讲哈佛先生铜像的三大谎言，讲比尔·盖茨、扎克伯格、奥巴马他们当年的宿舍。真不愧是名校代表，一草一木都是故事。

这学校比美国建国还早一百年，原名是新市民学院。后来一位叫哈佛的牧师先生慷慨捐赠财产及四百余册图书，校方为了纪念他改名"哈佛大学"。

一行人转到一栋大红楼跟前儿，带队学生专门提醒这就是鼎鼎大名的法律系。没有人统计过这个系里到底出过多少达官名士，学生狡黠一笑，他说唯一敢肯定而且大家都关心的就是这楼里待着的小伙子们将来妥妥的都是百万富翁。真是书中自有黄金屋啊！明明白白读医生和律师就能挣钱，前提是你要付出好多年好多倍的努力。好好读书，在他们这儿不是空话，是未来。

继续去了图书馆、礼堂、纪念堂、校长办公室，一大圈逛下来要两三个小时。后面的我都没有心思仔细听讲，内心在追悔少年时的自己见识太浅薄，以为那个小县城就是全世界，白瞎了好多时光。

多年后站在大洋彼岸这所历史悠久的名校，心潮起伏不定。如果有时光机可以再重新来过的话，我一定要尽自己最大的努力去达到能触及的最高点，不会再偷懒。

不要去听那些人说的拼爹拼娘读书无用，不要听他们说数学是垃圾学来做啥，不要跟着他们一起叫嚣英语滚出高考……他们把偶然事件当成真理，告诉你北大毕业也就是卖卖猪肉，博士毕业给初中生打工。他们只是在逞一时口舌之快并试图把你也变成失败者，成为他们的一员。我要告诉你，北大猪肉哥著有《屠夫看世界》，思想深邃敏锐，他的壹号土猪业已上市，不以身价论英雄，况且人家已经做到了极致。而博士，放在任何一个朝代任何一个国家都应该是被整个民族尊敬的。段子手调侃调侃无伤大雅，可千万不要当真轻信啊！

如果你是一位少年朋友，请你一定要努力好好读书，不开玩笑！

结束官方的校园观光，还是不舍得离开。四下溜达，游走在哈佛校园里真切感受到了深厚底蕴。

我去了哈佛大院小广场，是一个环岛，周围满是书店和咖啡馆。在快餐车点了些墨西哥卷饼坐路边解决掉，踱进一家旧书店淘了本林肯的传记，封面很有年代感。出来就在隔壁找了家咖啡店靠窗坐下。下午的阳光从橱窗透过来有些晃眼睛。十二月的波士顿室外还是有些冷的，还好有温暖的咖啡入口。

我把 iPad 拿出来点开谷歌地图打点，走过的路竟然串成了一条好看的曲线。两个月前开始的横穿旅行到今天正式结束，总共行程一万英里有余。一个个美丽的落日，开完了一箱接一箱的汽油，路上的风景路上的人，路上遇到的故事几天几夜讲不完。

阳光更刺眼了些。我揉了揉眼睛，手掌挡不住太阳，七彩光线顺着指缝流下来，眼前世界的焦距变得有些不稳定。恍惚间时光像连通了多年以前。丁零的下课铃响起，奇怪哈佛也有下课铃吗？

脑子有了一秒钟迟疑，于是虚幻顿生。窗外阳光折射得好像彩虹，上帝视角仿佛被开启，镜头慢慢被拉得好长。

下课铃响起……此刻多希望有同桌把我摇醒，说汤伟你这个白痴怎么把整堂课睡过了；多希望这是一个高中二年级的午后，整个班级都在打闹，趴在课桌上醒来的我会长吁一口气，会摇摇头，会心想自己做了好长好真实的一个梦……

就此别过了，美利坚。

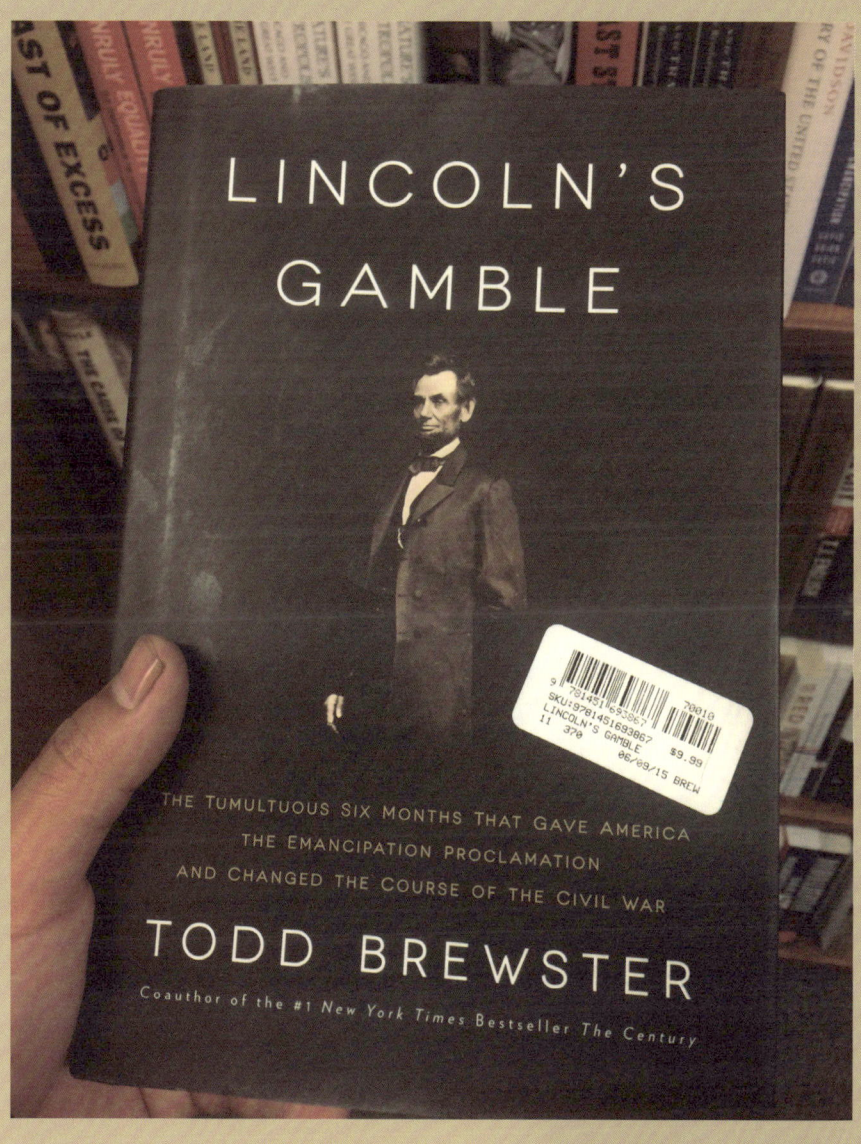

我不要
一成不变的人生

后记

第十一章

后记

后记一

就像当初决定开始动笔一样纠结，要下很大决心。到这儿已近尾声，让我们一起拾掇拾掇心情，前方就要到站了。不觉间你已经读完了这么多字，涂涂改改我写了半年多，后来出版又忙了半年多。这些文字摆到你面前时，离我搭上从北京飞向西雅图的 HU495 航班竟隔了两年之久。最新消息说他们已经不用 787 飞这条线了，还好用文字留住了天空内饰。这么多字，连标点符号都是要再三斟酌才敢落笔，写一本书真不像我当初想得那么容易。现而今是毁是誉，我都有些惶恐。一直都不具备讲精致故事的能力，引人入胜是个好难好高深的达人境界。可我有时候连跟女生约会，都要提前背一些笑话才能撑得起场面。

又有什么关系呢？大量写作时间的独处，我像是把那些阳光明媚的日子再次经历了一遍，写到生动处自己像是换了某种旁观视角穿越回当时。看看你周围的花鸟，也许它们正是将来的你踏着黑科技穿越来回忆的奇妙载体。如果你愿意听的话，我就还有故事要讲，或者来我在都江堰即将开张的小酒馆，枕水对月，我把我唱给你听。

后记

实际上我都不曾想过居然还能回都江堰上班。小时候它叫灌县。对我们州内山里孩子来说，灌县代表了先进生产力，是"城里"。虽然灌县人的口音好奇怪，可小伙伴还是固执地认为那是时尚的。那些街上梳中分头的一定都是有本事的人。

回来这一年，除了写成这本闲书逗自己开心，我还顺便成了一名直升机教员。现在的我每天要在都江堰上空飞四小时以上。不错，直升机行业在我国正迅速发展着。另外告诉你一个秘密：做自己喜欢做的事情，不会觉得累的。

我飞过了一大圈世界，渐渐成了一个自己想要成为的人，慢慢地算是有了一些眼界。常常在青城山顶盘旋的时候会不禁感叹道家选地方的神奇，武当峨眉青城，皆是终年有薄雾氤氲如仙气缥缈。目力及处，远山如黛，层峦翠叠，冠天下之幽，让人舒服。道法自然，法天地，也不知何时才能将如此美景穷极。

不管！我还要去非洲坐热气球看动物大迁徙，还要骑马穿越马赛马拉，还要北上找白熊要可乐，还要南下与企鹅玩泥巴……大丈夫吹吹牛嘛，白日梦想家？实现了可了不得！

总得有一个人活得像那么回事，这样朋友们才有机会去跟别人讲"我有一个朋友……"。其实，实现起来难度值是可以接受的，不必给自己的人生轨迹设置坡度很大的急转弯，会侧滑的。不如先给自己定下一个小目标，然后一个一个去实现吧。

后记二

对了，你一定以为我是有钱人家来的。飞机、游艇、马术、敞篷野马、自驾旅行……这些好像确实是富贵人家才能有闲有钱玩的项目。怎么说，可能这个界跨得有点深。其实我哪里是什么一掷千金有钱人家子弟，大多数这本书的读者都应该比我家境殷实好多，甚至比我幸运好多。

犹豫了很久，还是决定讲出来，哪怕打破高富帅这个泡沫，跑掉很多迷妹子。百转千回既然成书了，总应该传递点东西，比光讲玩乐深远一些。说教难长，我把一些陈年谷子放在这里，自是血肉，画风会有一个陡然转变。您先冷静冷静，思想上做个准备。

2007年底，大三时，我爸爸就查出了肺癌晚期，将不久于人世。他四十一岁，以前是位卡车司机，抽烟太多。大体讲除了帅和耿直外，他几乎没有别的优点。

那年整个正月家里一片阴云，眼看着强壮的他瘦成皮包骨，我们却无能为力。在生命最后一个月，我爸都是任性的。他要求把电视剧《亮剑》一遍遍放着，韩红那首《天路》也是一遍遍重复。时至今日我依然怕听到《天路》的旋律和李云龙的声音，依然怕走进华西医院闻到那股消毒水味道，不然那段灰蒙蒙的绝望日子会被一下子唤醒。

那时候眼睁睁地、静静地等着顶梁柱倒下去，以后家里没人挣钱了。我还是学生，还有一个弟弟和一个妹妹。我们是少数民族，生得多！治疗癌症的费用是个无底洞，几乎掏空了家底。妈妈也没有收入，真不知道以后该怎么办。

当时我有一个女朋友。她大四面临毕业，果断劈了我的腿。之前不知天高地厚，早早地把她领回去见过长辈，家里人都很喜欢。被绿倒不是什么大不了的事，怨不着，我又没做错什么事情。不会因为别人的选择耿耿于怀太久。

只是我爸爸弥留之际，每隔一会儿就会突发奇想，家里人千方百计都要去满足。临终前他突然想再见一见"未来儿媳妇"，给一些最后嘱托之类。我好像用诺基亚手机打的电话，可她说难得家里亲戚约上能和江油社保局长吃个饭聊毕业工作去向问题，来不了。挂完电话我甚至都没有很生气，本来就没有人能够理所当然迁就你的。一个傻学生，人家凭什么？

爸爸走后，像是楼顶那只靴子终于落了地。天并没有轰然塌下来。我偶尔课外做些小生意兼职赚一点钱够自己用。妹妹又足够优秀，高中时期的她就已经能有几千元级别的奖学金。

妈妈决定把家里所有的钱拿出来盖个大房子，我是强烈支持的。弟弟没上大学去做了协警。在偏远山区一定要有个大房子，他以后才好讨媳妇。

难得我们有位亲戚是设计师，给房子设计得很赞。三层的小洋楼总共得六百多平，二楼全是玻璃、落地窗。妈妈心善，提前把材料费甚至工人工钱都预支给了大家，反正都是要花的，早给晚给都一样。届时完工以后面朝岷江河，背靠巍巍青山，日子转个弯总要接着过。我五一放假回去搬了个椅子，坐在二楼半成品我以后的房间，风景不错。

十几天后，"5·12"地震，半座山倒下来压上去。

哦，这么多年一直也没有主动跟别人提起过，我是汶川映秀的。2008年当映秀人很惨，跟亲人失联，电视上那些满脸是血是泥的面孔我都认识。坚强并没有用。我还在大三，家里一个大人都联系不上。找到了在成都的表弟表妹加起来六七个，我最大。他们几个看着我，我也不知道下顿吃啥。每一秒钟都在经历绝望。

奶奶和姑父在地震中遇难了。爷爷在废墟里埋了一天自己爬出来，左手落下残疾。

捡回性命的灾民们在温江的救助站里住了个把月。官员专家讨论的结果是原地重建。于是我们回废墟上面去掏一些压瘪的茶壶之类，敲巴敲巴还能用。有余震，山上有时候会有飞石下来，很危险。

现在看起来很傻，像在作死。可当时没有考虑那么多。大家都在自家废墟上试图抢出一些还能继续使用的生活资料。一把菜刀都是稀罕物件，谁家掏到了都会惹人羡慕。

并不完全是像你们看到的新闻那样一方有难八方支援，灾民朋友们主要还是在自救，而且没人知道以后该怎么办，空气里多了个成分——绝望。要是在掏茶壶的时候被飞石砸死也就砸死了。有时候实在累了，我们会呆坐在废墟上。妈妈也不知道什么是将来。

几百万人受灾，几百万人都在那样重建，人如蝼蚁。

我们用一些木料搭了个简易的木头过渡房，四面漏风。2008年的春节我们就是在这个小木屋里过的。没有床，我们用砖块撑起床垫。妹妹晚上会被床垫里的耗子吓得瑟瑟发抖。弟弟当协警工作很辛苦。他们大队长天天忽悠给他转正，他就更卖力地加班。而我也找了很多工作，没打算大四继续待在学校。

我知道长了一张花花公子脸讲这些很没有说服力，那你权当故事。我再讲一点点。后来还是重建好了，新修的房子挺大挺漂亮，一百八十多平，每平差不多一千五百块钱，也是要自己买的。并不是像大家想的那样，大家献爱心捐钱，政府把房子修好，灾民去住。不是这样，也是要花钱买，只是这个价格是已经打折了的。在此要感谢每一位对汶川伸出过援手的你，爱心收到了。

我弟讨媳妇这个事，妈妈的逻辑是对的。试想一个连外表看起来都支离破碎的家，怎么可能会有姑娘中意下嫁？好在姻缘一线牵，月老搭桥让我弟弟娶到一位温柔漂亮的老婆，她对我妈妈也很孝顺。

弟弟与其妻诞下一女。我妹取了个"沐"字，我加了个"辰"字。我

们希望她能够如朝露在辰,沐己沐人;我们希望她哪怕是在寂静的黑夜里,也能够有底气伴着星光,微笑着笃定前行。

小宝贝一生下来就是我们的心头肉。这个家庭经历了太多波折。一位小天使下凡来,让我们暂时不去想跟神仙上访,计较说为什么老是拿我们这家人开玩笑。

日子基本上还是回到了幸福的维度。我当时在航空公司发展得还不错。空保、空乘群体里,本科毕业、英文流利、逻辑正常、爱读书、有想法、能办事的不多,领导赏识提携,税后收入能有个一万七八。还遇见了杭乖乖,甜蜜得很。弟弟收入也很稳定,协警转正无望,就改做了卡车司机,赚钱

比我还好一点点。妹妹一如既往优秀，你所知道名号的奖学金她全都拿过，大学期间就成为全省十佳党员。她成长得很快。

每次回家，我们三兄妹都要好得不得了。小时候的趣事一箩筐，晚上不看电视光聊天都能聊到半夜一点多钟。有时弟弟对媳妇说话稍微大声点，我和妹妹都会制止他，和睦又好玩。小沐辰也一天天长大，可爱得很。

两三年吧。果不其然，泥石流来了！整个房子被冲走，只剩下半堵墙。这次更直接，都不用再去掏茶壶了。我们已经懒得去数这是第几次釜底抽薪、伤筋断骨了，总得继续往前走。

我想把妈妈接到重庆，交通阻断，机缘巧合下妈妈搭了我们州上大领导的顺路车。领导关切宽心地说国家会对受灾的民众做一些赔偿降低损失。妈妈回答："国家是好意，可不好说是赔，又不是国家弄的地震水灾把我们房子摇垮的，所以是补助。补助的话无论多少，接受了的话都应该感恩的。"大领导没想到山野间一位中年大姐竟有如此认识谈吐。后来某一天报纸刊载了这段话。我觉得很骄傲，祖上也没有什么达官贵人，离书香门第十万八千里，外公以前好像是土司的大管家，可我还是很骄傲，觉得妈妈身上有股贵族气质。命运面前，瘦弱的她没有在怕的。

我们从小受到的教育是不哭穷，不等不依靠，任何时候都要干净、体面。我以后也会这样教孩子。

否极泰来，命运的编剧终于也换届了，让我们得以蒸蒸日上。一家善良的人，从未有过害人整人的想法，敬畏天地，与人为善，老天爷也不会老盯着我们锻炼。

细思量下，每临绝境，却都峰回路转，我们一家子好像真的都成了更好的人。我们在都江堰买了个房子，八级扛震，十楼应该也不怕水了。家里反正挺漂亮。弟弟已经能够独当一面扛起大旗，我就乐得轻松了。

多年以前一开始我去面试的飞行员，结果机缘巧合，乘务加空保做了那么久。在航空公司，一道门隔着客舱和驾驶舱，论地位论收入，差别还是很大的。于是我辞职去了美国游荡，那边挣钱的道道挺多，最终还是选择实现一件想做而一直未得的事情，梦想吗？好像是吧。

兜兜转转，踏歌而来，现在我是一个飞行教员，带过的学员里有大老板、大美女、老同行，有年轻学生，有银行职员，有曾经修飞机的机务，还有战斗机退役转民航的飞行员……经手的面孔多了，热爱却没有变，能够将自己所学手把手传授给他们，帮助如当年的我一样的人实现飞行梦想。啧啧啧，你想想我开不开心。

我妹妹就更厉害了，通信工程和工商管理双学位毕业，继续在北大读信息金融研究生。捎带手间她只复习了三个月便过了司法考试和CPA，甚至擦肩过了保荐代表人资格。她已然出落成一位耀眼的北大代言人了。越努力越幸运，小丫头即将毕业，国内前五位基金投行她已拿到三个offer，典型电视剧里颜值与智商双高，让人惊艳那种角色。可在我眼里，妹儿依然是个鼻涕虫。走出去，人人都叫她女神，只有我们知道她在家多懒多不讲究。

料定本书面世后，很多人会问我书里的人和事物是否真实。空口无力难说服，所以我一并把以上经历也告诉你。你看，更曲折离奇的事也真发生了呢。

哦，对了，我毕业上班第一天就迎面撞到大学女友劈腿的那个男的，是当时公司飞行员。你说全中国那么多家航空公司偏偏撞了鬼了，这都能碰上当同事……还有杭乖乖，你说你，三百六十五个好日子，你偏偏生在5月12。这日子我怎么可能会有心情给你过生日……都说无巧不成书，要我说命运的编剧才真是大胆。

就此搁笔吧。我想说的还是那句已经有些过气的话：活在当下，你永远不知道明天和意外谁先来临，你更有条件比我活得精彩。出门去吧，这世上，真有人活得像电影。

明年，我给你讲非洲草原雨季过后的故事！